나무병원 직무분석 가이드북

나무병원 직무분석 가이드북

초판 1쇄 펴낸날 2024년 12월 2일

지은이 권혁민, 김성환, 김철응, 김태기, 박수연, 배해진, 송대환, 오이택,
유정은, 이동혁, 이삼옥, 이윤지, 이효정, 조일현, 최나은, 허태민
펴낸이 박명권
펴낸곳 도서출판 한숲
출판신고 2013년 11월 5일 제2014-000232호
주소 서울시 서초구 방배로 143
전화 02-521-4626 **팩스** 02-521-4627
전자우편 landscape@lak.co.kr
편집 박광윤 **디자인** 조진숙 **출력·인쇄** 한결그래픽스

ISBN 979-11-87511-44-1 93520

나무병원 직무분석 가이드북

권혁민, 김성환, 김철응, 김태기
박수연, 배해진, 송대환, 오이택
유정은, 이동혁, 이삼옥, 이윤지
이효정, 조일현, 최나은, 허태민

우리나라에 국가직무능력표준(National Competency Standards, NCS)
이 도입된 지 25년이 되었고, 여러 분야에서 구체적으로 개발된 지
10년이 넘어서고 있습니다. NCS는 산업 현장의 직무를 수행하는
데 필요한 능력(지식, 기술, 태도)을 표준화한 것으로, 능력 단위와 능력
단위의 집합으로 구성됩니다.

NCS 개발 초기 산림 보호 영역에서 수목 진료 분야를 집필·심의
하는 과정에 참여하며 나무병원에도 이런 표준화된 체계의 필요성
이 절실했지만, 나무병원으로 한정해 체계를 만들기에는 규모가 작
다는 한계가 있었습니다. 하지만 현장에서 표준화된 체계의 필요성
은 날로 증가했습니다.

이에 NCS를 기반으로 형상화할 수 있는 부분만 뽑아 현장에서
활용할 체크리스트를 제작하였습니다. 나무병원에서는 생물을 대
상으로 수목 진료를 하기에 표준화하는 것이 적합하지 않다는 한계
가 있습니다. 객관화하고 정량화할 수 있는 부분에 대한 직무 분석
을 거쳐 업무 과정을 정리하고, 어떻게 평가할지 고민해 스스로 점
검할 수 있는 체크리스트를 만든 것입니다.

체크리스트는 직무를 담당하는 직원이 스스로 확인할 수 있고,
업체에서는 직원의 업무 향상도를 확인할 수 있다는 장점이 있습니
다. NCS 체계에서 아주 일부만 활용할 수 있도록 제작했지만, 스스

로 돌아보고 가능한 수준에서 표준을 이룰 수 있기에 수목 진료에 관심이 있거나 현재 근무 중인 분도 활용하면 도움이 되리라 믿습니다.

NCS의 기본 체계를 소개하면서 이론적인 것으로 그칠 수 있는 한계를 극복하기 위해 현장에서 적용되는 사례도 함께 실었습니다. 좀 더 현실적인 나무병원(수목 진료)의 업무를 파악하는 계기가 되기를 기대합니다.

처음 시작하는 것이라 부족한 점이 많습니다. 앞으로 좀 더 개선된 내용으로 관련 직종에 종사하는 많은 분이 활용할 수 있도록 발전하기를 기원합니다.

2024년 11월
NCS 기반 체크리스트 제작 김철웅

차 례

설계도서를 만들기 위한 준비 과정

㈜대명나무병원_최나은

새해가 시작되면 당해 1월 물가지의 단가를 정리해 일위대가와 단가 산출서를 전체적으로 수정해야 한다. 이때 매년 새롭게 나오는 제비율과 노임자료를 찾아 적용한다. 새해를 맞아 개정된 품셈이 있는지 확인하고, 자주 사용하는 재료의 견적도 받아야 한다. 그해 사업을 위해 설계도서를 작성하고 제출하는 시기이기도하다.

설계 프로그램을 사용하지 않을 경우, 설계의 시작은 위에서 언급한 물가지의 단가 정리다. 회사마다 설계도서에 적용하는 물가지의 종류는 다소 차이가 있으나, 대표적으로 《월간 물가자료》, 《종합 물가정보》, 《유통물가》 등이 있다.

물가지의 종류

　　사용하는 재료와 장비의 단가를 정리해 가장 저렴한 단가를 선정하기 위해 설계할 때 세 종류의 물가지에서 최소 두 개 이상 적용하기를 권장한다. 단가를 비교할 때 재료(품명)와 규격은 물론 출처까지 기록해야 한다. 같은 품목이라도 규격이 다양할 경우, 많이 사용하는 규격 중심으로 정리한다.

단 가 대 비 표

공사명 :

품　명	규　격	단위	적용단가	물가자료 2024년 1월		물가정보 2024년 1월		유통물가 2024년 1월		비　고
				쪽수	금액	쪽수	금액	쪽수	금액	
고 소 작 업 차	5 ton	hr	86,808	166(下)	86,808	부록492	88,265	1327	88,783	
재료비					8,033		9,418		10,008	
노무비					45,458		45,530		45,458	
경비					33,317		33,317		33,317	

물가지 단가 비교 예시

설계도서는 크게 갑지, 설계 설명서, 시방서, 설계 내역서, 일위대가표, 단가 대비표, 사진대지, 수량 산출서, 설계도, 일위대가 산출 근거, 일위대가 산출 참고 자료로 나뉜다. 회사마다 배치 순서가 다소 차이가 날 수 있다.

설계도서의 공사명은 계약 시 변경되지 않으니 명확히 해야 한다. 단어 띄어쓰기까지 검토하는 경우가 있으므로, 통일성 있는 단어 사용 체계가 필요하다.

공사 기간에 따라 적용되는 요율이 달라지기 때문에 가장 먼저 적정 공사 기간을 설정하고 설계를 시작해야 한다. 공사 기간을 정했으면 원가 계산서에서 간접노무비, 건강보험료, 노인장기요양보험료, 연금보험료를 기간에 맞는 비율로 적용한다. 이는 제비율에서 확인하되, 사업의 종류에 맞는 제비율을 선택한다. 일반적으로 나무병원은 간접노무비와 기타 경비의 경우 '조경'의 제비율을 적용한다.

간접노무비 기간은 6개월 이하(183일), 7~12개월(365일), 13~36개월(1,095일), 36개월 초과로 나뉜다. 직접 공사비에 따른 공사 규모를 확인하고 설계에 적용하면 된다. 건강보험료와 노인장기요양보험료, 연금보험료는 공사 기간이 1개월(30일) 이상인 공사에 적용하므로, 공사 기간이 짧은 설계에서는 뺀다. 마지막으로 총공사비 2,000만원 이상이면 산업안전보건관리비가 들어가야 한다.

제비율 예시

  총괄표(수량 산출서)는 그 사업에서 해야 할 전체적인 공정과 그에 따른 횟수를 적어놓은 표다. 수량 산출 방식을 적어 공사할 때 면적과 범위, 횟수 등을 명확히 알 수 있어야 한다.

  총괄표에 있는 모든 공정을 일위대가표에 넣는다. 한 사업에서 공정끼리 연관이 없으면 품셈의 순서대로 넣어도 상관없지만, 모든 공정이 연계되어 하나의 사업을 하는 것이라면 작업 순서대로 공정을 넣는 것이 좋다.

  일위대가표는 각각의 공정에 필요한 재료비와 노무비, 경비를 단위 수량으로 기록한 표로, 최소 수량의 금액을 적는다. 총괄표에 맞게 일위대가표를 작성한 뒤, 각 일위대가표의 합계 금액만 놓고 볼 수 있는 일위대가 목록을 정리한다. 일위대가 목록의 연번은 일위대가표에서 공정이 추가·제거될 때마다 수정할 필요 없이 일위대가표와 연동해 자동으로 변경되게 한다.

일위대가 목록을 만들 때는 공정에 맞는 품을 찾는 것이 가장 중요하다. 각각의 공정은 될 수 있으면 품셈에 맞게 일위대가에 적용해야 하고, 해당 품이 없으면 기존의 품셈을 응용해 적용할 줄 알아야 한다. 평소 하지 않던 공정을 설계에 넣어야 할 경우, 적용할 품셈을 찾는 데 상당한 시간이 걸릴 수 있다. 예를 들어 가끔 보호수, 노거수 등 수목의 지제부가 보도블록으로 덮인 경우가 있다. 그러면 뿌리에 답압으로 호흡 스트레스가 발생할 수 있고, 일반 흙으로 덮인 나무보다 수분 흡수가 빠르지 않아 수분 스트레스가 발생할 수 있어 나무의 생육에 좋지 않은 영향을 미친다. 이 경우 수목 보호를 위해 보도블록을 철거해야 하는데, 수목 진료 표준 품셈에는 이런 품이 없으므로 건설공사 표준 품셈에서 보도용 블록 철거 품을 찾아 적용한다.

내역서에서 각 공정에 따른 수량을 총괄표와 같은 수량을 적고, 수량이나 공정을 수정하면서 이윤을 맞추면 설계도서에서 설계 내역서와 일위대가 목록, 수량 산출서는 완료된 상태다.

설계 설명서, 시방서, 단가 대비표, 사진대지, 일위대가 산출 근거는 공정에 따라 변경된다. 내역이 확정되고 최종적으로 이윤까지 맞춘 뒤에 하는 것이 같은 일을 두 번 하지 않고 실수를 줄이는 방법이다.

설계 설명서는 설계도서의 이해를 돕기 위해 설명을 기록한 문서다. 수목 진료 업무는 수목에 대한 대략적인 현황과 처방, 공사 목적과 내용 등을 적는다.

시방서에는 일반 시방서와 특별 시방서가 있다. 특별 시방서는 수목 진료 표준 품셈 내에 공정별로 있으니 참고해서 적으면 된다.

단가 대비표는 일위대가에 있는 모든 재료비와 노무비, 경비의 단가를 비교하는 표다. 세 종류의 물가지에서 단가를 비교하고, 물가지에 없는 단가는 견적을 받아서 넣으면 된다. 견적서를 첨부할 경우, 타 견적도 꼭 포함해야 한다.

사진대지는 공사할 대상의 전경, 현황 사진 등을 넣는다. 최근 사진을 넣어야 실제 공사하는 업체에서 활용할 수 있다.

일위대가 산출 근거는 일위대가표 아래 한두 줄로 적는 경우가 많다. 호 표마다 한 페이지씩 적용한 품셈, 수량에 대한 근거, 사용한 단가의 출처 등을 기록하면 호 표를 이해하는 데 도움이 된다.

설계도서는 해야 할 일과 공정, 필요한 금액이 제시되는 공사에서 기본이 되는 서류다. 철저한 현장 조사에 따른 최신 자료를 활용해야 한다.

나무병원 도면 작성

㈜두솔나무병원 이윤지

조경학과를 졸업하고 나무병원과 함께한 지 올해로 10년 차다. 지금은 야외 출장과 사무실 일을 병행하며 다양한 업무를 하지만, 입사하고 처음 1~2년은 사무실에서 하는 컴퓨터 작업이 대부분이었다.

나는 학부 때 조경 계획과 설계에 대한 수업을 주로 들었다. 그래서 나무병원의 주 업무인 '진단'에 관해 제대로 아는 게 없었고, 용어도 생소했다. 그나마 내가 회사에 도움이 될 수 있겠다고 처음 생각한 부분이 '도면' 작업이었다. 평소 그림을 그리기 좋아하고, 학부 때 익힌 캐드와 포토샵, 일러스트 같은 프로그램을 다루는 데 어려움이 없었기 때문이다.

나무병원에서 도면 작업은 건축이나 토목, 조경 쪽 도면보다 단순한 편이다. 대체로 단목이 대상이고, 나무를 치료할 때 어느 부위에 외과수술을 시행할지, 어느 가지에 지주를 설치할지 표시하는 작업이 많았다.

현장 조사 때는 나무를 치료할 부위가 가장 잘 보이는 지점에서 전경을 촬영하고, 줄기와 가지를 대략 그려 야장을 작성한다. 나는 현장 조사에 종이를 가지고 다니는 것이 불편해 스마트패드를 사용하는데, 사진 위에 필요한 공정을 바로 표시할 수 있어 편리하다. 현장에서 작성한 야장을 바탕으로 사무실에서는 납품용 도면을 작업한다.

도면 활용 프로그램은 오토캐드(AutoCAD)가 대표적이다. 개인적으로는 호환성이 있는 유사 프로그램을 구입해 사용하고 있다.

나무 그리기

나무를 그리는 방법은 다양하다. 촬영한 사진을 보고 빈 종이에 따라 그리는 아날로그적인 방법이 있고, 출력한 사진 위에 트레이싱 페이퍼를 대고 선을 그려 다시 스캔하는 방법도 있다. 요즘에는 펜마우스를 활용해 바로 컴퓨터에 그리는 방법도 많이 사용한다. 나는 스마트패드의 무료 애플리케이션 'Sketchbook'을 활용해 사진을 아래 레이어로 깔고, 나무의 형태를 따라 그리는 방법을 주로 쓴다.

'Sketchbook' 애플리케이션을 활용한 나무 그리기

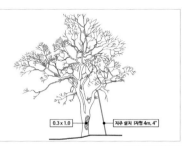

작업 공정 표시 예

수치지도 활용하기

대상목 주변으로 생육공간을 개선하거나 시설물을 설치할 때는 거리와 규격을 확인해야 하므로, 스케일이 포함된 수치지도를 내려받는 것이 좋다. 수치지도는 국토지리정보원 홈페이지에서 내려받을 수 있으며, 방법은 다음과 같다. 1:5000 축척 지도를 가장 많이 활용한다.

❶ 대상지 주소 검색

❷ 대상지 인근에서 마우스 좌 클릭 후 공간검색

❸ 다운 받고 싶은 영역 드래그하여 선택

❹ 최근 제작 연도, 원하는 축척 클릭

❺ 다운로드

국토지리정보원 홈페이지에서 수치지도 내려받기

수치지도를 내려받으면 파일 내 레이어가 꽤 복잡하다. 알파벳과 숫자가 섞인 레이어는 명칭이 복잡해도 나름의 분류 체계에 따라 정리된 것이다. '수치지도 작성 작업 규칙'(국토교통부령 제209호) 제9조 분류 체계를 확인하면 이해가 쉽다.

수치지도 작성 작업 규칙

수치지도 지형지물 표준 코드(안)

수치지도는 A부터 H까지 교통, 건물, 시설, 식생, 지형 등 8개 대분류가 있으며, 중분류와 소분류도 '수치지도 지형지물 표준 코드'

에서 확인이 가능하다. 이를 참고해 도로나 하천의 중심선은 제거하고 경계선만 남기거나, 표고점을 제외한 등고선만 활용하는 등 필요한 레이어를 활용하면 좀 더 깔끔한 도면을 만들 수 있다.

레이어 정리 전   레이어 정리 후

　대상목이 국가유산일 때 수치지도에 나무 위치가 표시되기도 하지만, 나무 위치는 대부분 지도에 표시되지 않는다. 이런 경우 나무 위치를 확인하기 위해 위성지도를 수집한다.

　위성지도는 네이버, 구글, 카카오 등 다양한 포털 사이트에서 제공한다. 사이트별로 촬영 시기와 방법이 다르다 보니 색감이나 화질이 다소 차이가 있다. 본인이 원하는 도면의 목적에 따라 선택하면 된다.

　같은 포털 사이트에서도 연도별로 위성지도를 촬영한 시기가 조금씩 다르다. 주변 현황이나 길을 더 잘 확인하기 위해서는 낙엽수의 잎이 떨어지는 겨울에 촬영한 위성지도가 활용하기 좋다.

위성지도를 레이어로 깔고 수치지도를 올려 맞추면 추후 설계할 때 위치와 규격 확인이 훨씬 수월하다. 이때 캐드의 명령어 'ALIGN(AL)'을 활용하면 좋다. ALIGN은 각도를 모르는 객체를 동일한 각도로 회전시킬 때 주로 활용하는데, 축척 적용도 가능하다.

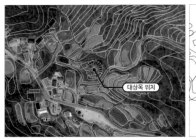

위성지도, 수치지도에 대상목 표시

수치지도에 대상목 표시

리습 기능 활용하기

캐드에는 리습(LISP) 기능이 있다. 번거로운 여러 작업을 함수식으로 프로그래밍해 좀 더 쉽게 수행하도록 한, 일종의 치트키다. 리습은 직접 만들고 개발할 수도 있지만, 캐드는 토목과 기계, 건축 등 다양한 분야에서 활용하는 프로그램이다 보니 인터넷에 올라온 리습 파일을 활용 가능하다.

리습은 명령어 'APPLOAD'를 입력하고 파일 경로를 지정하면 적용된다. 장기적으로 사용할 리습은 C 드라이브의 Program

Files 폴더와 같이 수정이나 이동의 변동이 적은 곳으로 경로를 정하는 것을 추천한다.

① 나무 번호 매기기

가로수의 차례 번호를 도면에 표시하거나, 나무가 빽빽한 숲에 나무 번호를 입력할 때 활용하는 리습이다. 숫자를 하나하나 입력할 필요 없이 마우스 클릭으로 자동 숫자 더하기가 적용돼, 작업 시간을 단축한다.

② 객체 면적과 길이 합산

수림지 같은 곳의 집단목은 관리의 편의상 구역을 나눠 대상목을 파악할 때가 많다. 구역별로 조치 사항이 다를 수 있어 면적이나 길이를 각각 산출해야 할 때 활용하기 좋은 리습이다. 일반적으로 명령어 'LIST'나 'AREA'를 사용해 길이와 면적을 구하지만, 다 객체의 면적과 길이를 합산해서 구하는 리습을 활용하면 특정 구역에 대한 수치를 편리하게 얻을 수 있다.

③ 일정 간격 복사

가로수 현황 도면을 작성하거나, 한 객체를 동일한 간격으로 여러 개 복사해야 할 경우, 목차나 수량 집계표의 줄과 칸을 늘리고 싶은 경우에 유용한 리습이다. 일반적으로 명령어 'ARRAY'를 사용하는데, 리습을 활용하면 마우스로 원하는 범위를 자유롭게 선택할 수 있어 편리하다.

리습 파일을 잘 활용하면 수림지나 집단목의 도면 작업을 효율적으로 할 수 있다. 따라서 도움이 될 만한 리습은 저장할 것을 추천한다. 명령어는 만든 이에 따라 달라질 수 있으므로, 파일 저장 시 확인한다(일반적으로 위에 소개한 기능은 ① TI ② AS ③ ARD 단축키로 활용된다).

도면 작업의 목적은 글로 나타내기 어려운 부분을 그림으로 그려 이해하기 쉽게 하는 것이다. 나무병원에서 나무 입면도를 그려 작업 공정을 표시할 때(단목에 지주나 줄당김, 외과수술 부위 등을 표기하는 경우), 종전 방식인 그림 그리기보다 실물 사진으로 대체하는 게 합리적이라고 생각한다. 복잡하게 얽힌 가지를 그림으로 표현할 때보다 사진에 표시할 때 현장에서도 확인이 수월하기 때문이다.

그림으로 표현할 때는 도면에 현황 사진을 추가해 실제 공정 부분을 정확하게 보여줄 필요가 있다. 요즘은 드론이나 3D 스캐너를 활용한 장비도 보고서에 많이 활용된다. 설계 예산이 적은 실무에 최신 장비를 도입하기는 무리지만, 큰 부담 없이 활용할 수 있는 기술은 계속 검토·시도할 필요가 있다고 본다. 새로운 방법을 적용한 다양한 시도가 나무병원 도면 품질을 향상시킬 수 있을 것이라 기대한다.

나무도 폐기물입니다

㈜가호나무병원 유정은

나무병원은 나무의 건강을 위해 위험지·고사지 제거, 수관 솎기와 청소 등 수목 가지치기(전정) 작업을 많이 한다. 이때 폐기물이 꼭 발생한다. 폐목은 처리 후 근처에 쌓아둘 수도 있지만, 잠복소가 될 확률이 높으니 처리하는 것이 좋으며 환경보호를 위해 엄격히 신고해야 한다.

폐기물을 처리할 때는 먼저 물량을 파악해야 한다. 산출한 내역을 기준으로 폐기물 처리 차량을 섭외하기 때문에 최대한 정확히 산출해야 한다. 차량 크기에 따라 가격 차이가 커서 불필요한 경비를 지출할 수 있기 때문이다.

폐기물 물량 산출은 지상부와 지하(별근)부로 나뉜다. 산출식에 따른 수량(서울시, SH서울주택도시공사 기준)은 다음과 같이 준용한다(《조경공사 적산기준》 참고).

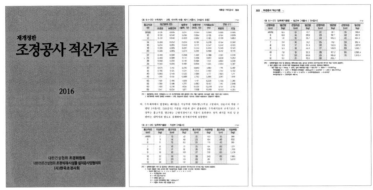

조경공사 적산기준

폐기물은 5톤 미만인 경우와 이상인 경우 처리 방법이 다르다. 나무병원에서 보통 발생하는 임목 폐기물은 5톤 미만인 경우 생활계 폐목재로 간주해 일반적인 처리 절차를 따르는 반면, 5톤 이상인 경우 건설폐기물에 해당해 인계인수서를 작성해 관련 시청이나 군청에 신고해야 한다. 이는 폐기물 처리의 효율성과 투명성을 제고하는 중요한 절차다.

국가유산수리업에서 발생하는 임목 폐기물도 나무병원(1종)과 같이 건설폐기물이지만, '건설산업기본법' 제2조 제4호 라에 따라 사업장 일반폐기물로 구분된다. 그중 일련의 공사나 작업 등으로 발생하는 폐기물에 해당하며, 나무병원과 같이 5톤 이상은 인계인수서를 작성해 관련 시청이나 군청에 신고하게 돼 있다.

건설산업기본법 (출처 : 올바로시스템)　　　　　　　사용 대상 (출처 : 올바로시스템)

5돈 미만 폐기물은 생활계 폐목재로 구분돼 인계인수시를 작성해서 올바로시스템에 신고하지 않아도 된다. 단 준공 시 폐기물 처리 업체에서 받은 처리 확인증을 발주처에 제출해야 한다.

5톤 이상 폐기물 인계인수서는 올바로시스템을 통해 신고한다. 이전에는 수기 전표 처리를 했는데, 행정절차가 복잡하고 폐기물 이동 현황과 실시간 분석이 어려워 인터넷이나 무선주파수인식기술(RFID)을 이용한 폐기물 종합 관리 시스템이 구축됐다.

올바로시스템

공사가 끝나면 실적 보고를 해야 한다. 실적 보고는 1월 1일부터 12월 31일까지 발생한 폐기물에 대해 신고하는 것이다. 필자는 폐기물 신고 시기를 놓친 경험이 있어, 공사가 끝나면 7일 이내에 실적 신고를 마친다. 실적 신고를 잘못 제출하거나 거짓으로 작성하면 과태료가 부과될 수 있으니 주의해야 한다.

대외 신뢰도를 높이기 위한
공문서 작성의 기본 요령

㈜월송나무병원 조일현

| 공문서의 개념

1. 공문서의 정의

일반적으로 공문서는 행정기관에서 작성하는 문서로 생각하기 때문에 사기업이나 개인은 공문서 작성에 큰 의미를 부여하지 않는다. 하지만 국가기관과 지방자치단체, 공공기관 등을 주로 상대하는 나무병원의 실무자는 기본적인 공문서 작성법을 숙지해 대외 신뢰도를 높일 필요성이 있다.

대인 관계에서 사람은 첫인상으로 평가되고 향후 관계에 큰 영향을 미친다. 공공기관에서 나무병원의 첫인상은 신청서, 계획서, 결과 보고서 등 각종 문서로 결정되는 경우가 있다. 해당 문서가 공공 기관 담당자에게 익숙한 맞춤법이나 일정 규칙에 맞지 않는다면 나무병원의 품격과 신뢰가 상당히 떨어질 것이다.

'행정업무의 운영 및 혁신에 관한 규정' 제3조에 따르면 공문서란 "행정기관에서 공무상 작성하거나 시행하는 문서와 행정기관이 접수한 모든 문서"다. 즉 나무병원이 행정기관에 제출하는 각종 문서는 행정기관에 접수한 공문서로 취급된다.

나무병원이 행정기관에 제출하는 대다수 문서가 국민에게 공개 대상이 되므로, 공문서를 작성할 때 좀 더 신경 써야 한다. 공문서 작성 요령을 숙지해 실무에 적용할 뿐만 아니라, 다양한 정보로 구성되는 계획서와 결과 보고서 등을 작성할 때 읽기 쉽고 논리적으로 더 나아가 품위 있게 보이도록 해야 한다.

2. 공문서 작성의 일반 원칙

'행정업무의 운영 및 혁신에 관한 규정' 제7조(문서 작성의 방법)에 따르면 "문서의 내용은 간결하고 명확하게 표현하고 일반화되지 않은 약어와 전문 용어 등의 사용을 피하여 이해하기 쉽게 작성하여야 한다". 따라서 한글맞춤법과 띄어쓰기가 적절해야 하고, 문장은 논리성과 적합성을 갖춰야 하며, 읽기 편하게 시각적인 면도 고려해야 한다.

'국어기본법 시행령' 제11조(공문서의 작성과 한글 사용)에서는 공문서를 작성할 때 괄호 안에 한자나 외국 글자를 쓸 수 있는 경우를 다음과 같이 한정한다. 첫째, 뜻을 정확하게 전달하기 위하여 필요한 경우. 둘째, 어렵거나 낯선 전문어 또는 신조어를 사용하는 경우.

3. 공문서의 서식(구분)

공문서는 일반 기안문과 간이 기안문으로 나뉜다. 일반 기안문은 보통 공공기관에 문서를 보낼 때 쓰는 시행문 양식이다. 간이 기안문은 보고서 양식으로, 흔히 계획서나 결과 보고서 등을 작성할 때 사용한다.

일반 기안문은 기본적인 작성 요령을 숙지하면 대외적으로 문서의 신뢰성을 높일 수 있지만, 간이 기안문은 문장의 흐름을 논리적으로 구성하기 위한 노력이 좀 더 필요하다.

II 일반 기안문 작성 방법

1. 기안문 구성

기안문은 두문, 본문, 결문으로 구성된다. 두문은 행정기관명과 수신(경유)을 포함하고, 본문에 제목과 내용, 붙임을 등재한다. 결문에 발신 명의, 기안자·검토자·결재자, 시행 문서 번호·시행일, 접수 문서 번호·접수일 등을 기록한다. 이를 구성 형식으로 나타내면 다음과 같다.

행정기관명

수신∨∨산림청장(***과장)
(경유)
제목∨∨···········

1.∨···········
∨∨가.∨······
∨∨나.∨······
2.∨···········

붙임∨∨1.∨······
　　　2.∨······∨∨끝.

발신 명의

기안자		검토자		결재자	
시행	문서 번호(시행일)		접수	문서 번호(접수일)	
우	도로명 주소			누리집 주소	
전화번호( )		전송번호( )		전자우편 주소	공개 구분

---

2. 기안문 작성 방법

가. 수신

　해당 기관장의 직위를 쓰고, ( ) 안에 그 기관의 업무를 수행할
보조기관 등의 직위를 쓴다.

수신∨∨산림청장(***과장)

○○나무병원장(직인)

수신자가 많은 경우 수신란에 수신자 참조라 기재하고, 결문의 발신 명의 다음 줄 왼쪽부터 수신자를 기재한다.

수신∨∨수신자 참조

○○나무병원장(직인)

수신자 ○○구청장, ○○구청장,○○구청장, ○○구청장,○○구청장

나. 제목

문서 내용을 알기 쉽도록 간단명료하게 쓰며, 1안건은 1기안으로 한다. 따라서 제목을 여러 개로 열거하는 것은 지양한다.

다. 항목

1) 항목 기호

첫 번째 항목은 1, 2, 3⋯ / 두 번째 항목은 가, 나, 다⋯ / 세 번째 항목은 1), 2), 3)⋯ / 네 번째 항목은 가), 나), 다)⋯ / 다섯 번째 항목은 (1), (2), (3)⋯ / 여섯 번째 항목은 (가), (나), (다)⋯ 이후에는 ①, ②, ③⋯ / ㉮, ㉯, ㉰⋯ 등 항목 기호를 사용한다. 위의 항목 기호 대신 □, ○, · 등으로 바꿔 사용할 수 있다. □, ○, · 등의 항목 기호는 주로 보고서 양식에 사용하며, 보고서 양식에서 로마자를 중제목 기호로 사용할 때는 디자인을 가미한다.

2) 사용 예

제목∨∨
1.∨……………………………………………………………… . ∨∨가.∨……………………………………………………… ∨∨∨∨1)∨…………………………… ∨∨∨∨2)∨…………………………… 2.∨……………………………………………………………… . ∨∨가.∨……………………………………… ∨∨나.∨…………………………………∨∨끝. **○○나무병원장**(직인)

위의 사용 예에서 문서 내용이 많은 경우에는 1, 2 항목 사이에 줄을 띄어 보기 좋게 하며, 맨 마지막 내용에서 두 칸을 띄고 '끝' 자를 쓴 다음 마침표를 찍는다. 항목이 하나일 때는 항목 기호를 사용하지 않고 다음 항목에서 구분한다.

……………………………………………………………………… . 1.∨일시:∨2024.∨6.∨28.(금)∨14:00 2.∨장소:∨○○○.∨∨끝.

3) 표를 만드는 경우

본문에 표를 만들 때는 항목 기호에서 오른쪽 한계선까지 맞춰 작성하되, 표의 칸에 내용이 없는 칸은 만들지 않는다. 항목 내용이 표로 끝날 때는 표 아래 왼쪽 기본선에서 2타 띄고 '끝' 자를 기재한다.

라. 붙임

본문 내용 뒤에 첨부물이 있는 경우, 아랫줄에 '붙임'을 쓰고 두 칸을 띈 다음 첨부 서류를 기재하고 '끝' 자를 쓴다.

붙임∨∨1.∨계획서∨1부.
　　　　2.∨결과 보고서 1부.∨∨끝.

마. 행정기관명과 발신 명의

나무병원이 기안문을 작성할 때 행정기관명에는 법인명 ○○나무병원㈜를 기재하고, 발신 명의는 대표명 ○○나무병원장을 기재한다.

III 간이 기안문 작성 방법

1. 간이 기안문(보고서 형식)의 구성

일반적으로 보고서 형식 문서는 계획서, 결과 보고서 등이 가장 많다. 이 보고서 작성법을 활용하면 그 외 보고서 형식 문서를 큰 어려움 없이 작성할 수 있다. 보고서 형식은 기안문과 달리 개조식으로 작성한다.

계획서는 기본적으로 1) 추진 배경 2) 현황, 문제점 3) 추진 목표(방향) 4) 추진 과제 5) 세부 실행 계획 5) 기대 효과 6) 행정 사항 등으로 구성된다. 이런 구성에서 보고서 성격에 따라 문제점, 추진 목표 등을 작성할 필요성이 없을 때는 1) 추진 배경 또는 목적 2) 현황 또는 개요 3) 세부 실행 계획 4) 기대 효과 등으로 간단하게 구성할 수 있다. 계획서와 달리 어떤 문제의 해결 방안 관련 보고서를 작성할 때는 1) 추진 배경(목적) 2) 현황 3) 문제점+원인 4) 대처 방안(세부 실행 계획) 5) 기대 효과 6) 행정 사항 등을 기록한다.

보고서 형식은 표지 있는 것, 표지 없는 것으로 구분된다. 계획서나 결과 보고서 등은 다음과 같이 일반적으로 표지 있는 것으로 작성한다.

표지 왼쪽에는 문서 번호, 생산 일자, 공개 구분 등으로 구성되며 오른쪽은 결재란이 있다. 그 밑으로 제목, 일자, 행정기관명과 부서명을 기재한다.

2. 보고서 작성 방법
가. 제목

제목은 글 상자에 작성하고, 글꼴은 HY헤드라인 계통을 쓰며, 보고서 주제를 나타내는 핵심적인 단어 군으로 조합한다. 일반적으로 제목 위에 제목을 보충하는 문장을 사용해 보고서 작성 의도를 나타낸다.

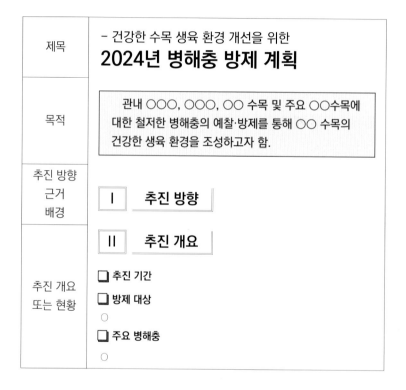

나. 목적

보고서 작성 목적을 글 상자에 간략하게 요점을 기록해 보고서의 성격, 추진 과제 등을 나타낸다.

다. 추진 방향 또는 근거, 배경

계획서에는 추진 방향 등을 개조식으로 작성해 과제의 궁극적 추진 이유, 근거 등을 나타내기도 한다. 위 글 상자의 목적과 중복될 때는 추진 방향을 쓰지 않고 추진 근거로 상위 문서, 법령 등을 기재한다.

라. 추진 개요 또는 현황

사업명, 일자, 장소, 대상 등을 육하원칙에 따라 간략히 기재해 추진 개요만 보고도 계획서의 주요 내용을 알 수 있도록 한다.

마. 세부 추진 계획

1) 기본 사항

'가~라' 항목은 보고서를 작성할 때 기본적인 것이며, 해당 내용을 열거식으로 작성하면 되기 때문에 큰 어려움이 없다. 보고서 내용의 충실성, 적합성, 논리성, 가독성 등이 필요한 부분이 세부 추진 계획이다.

대제목은 일반적으로 로마자를 사용하고, 중제목은 아라비아숫자나 □ 기호를 사용한다. 세부 추진 계획을 작성할 때는 유사하거나 관련된 내용끼리 묶어(그루핑) 같은 제목 아래 둠으로써 논리성과 적합성을 확보해야 한다. 이를 제대로 하지 않으면 제목, 내용 등이 단순한 나열식이 되어 가독성과 심미성이 떨어질 수 있다.

다른 제목 아래 내용이 중복되지 않도록 하며, 특별한 경우를 제외하고 보고서 내용은 모두 개조식으로 작성하는 것이 일반적이다. 항목 기호로 □, ○, · 등에 디자인을 가미하기도 하며, 아라비아숫자와 혼용할 때도 항목 기호의 순서는 동일하게 유지한다.

추진 계획	III 추진 계획
1. □ ○ 대상 수목 종류 방제 횟수 병해충 등	**1. 추진현황** □ **방제 기간**
2. □ ○ 추진 일정 추진 방법 · ·	**2. 세부 추진 계획** □ **추진일정**
기대 효과 향후 계획 행정 사항	IV 기대 효과

1. 추진현황
□ **방제 기간**

구분	합계	병해충 방제 대상				
		녹병	흰가루병	○○○	○○○	○○○
합계						
○○○						
○○○						
○○○						
○○○						

2. 세부 추진 계획
□ **추진일정**

구분	4.15 ~					비고
녹병	●	●		●		●	
흰가루병				●	●	●	
○○○	●	●					
○○○		●	●				
○○○	●	●	●	●	●		

○ 매트릭스(matrix) 활용

보고서 내용이 많거나 복잡할 경우, 가장 간단하게 나타내는 방법이 표를 활용하는 것이다. 특히 추진 대상별·일정별 과제 등을 한 표에 나타내면 이해하기 쉽다. 두 가지 요소를 기준으로 하는 매트릭스를 활용해 간단하게 정리하고, 추진 과제는 추진 방법과 일정, 기타 관계된 항목 등을 상세히 쓴다.

○ 추진 일정은 맨 처음 기재

보고서에서 가장 관심이 쏠리는 추진 과제별 일정은 세부 계획 처음부터 기재하는 것이 좋다.

3) 보고서의 선순환 기능

보고서는 상대방이 읽기 쉽게 작성해야 하지만, 필요한 정보를 적합하고 논리적으로 표출하는 게 가장 중요하다. 읽는 사람은 보고서를 보고 작성자의 능력을 판단한다. 잘 만든 보고서를 보면 일을 잘한다고 판단해 신뢰감이 든다. 대인 관계에서 첫인상이 중요하지만, 첫인상은 이후 다른 요인으로 바뀐다. 처음 접한 보고서는 첫인상보다 강렬하며, 이후 올라온 보고서는 처음 보고서를 접했을 때 감정을 확인해주는 것이다. 첫 보고서를 잘 작성한 실무자는 다음 보고서도 잘 만들게 되고, 이를 거듭하다 보면 보고서 작성 능력이 향상된다. 따라서 처음 제출하는 보고서를 잘 만들기 위해 노력해야 한다.

IV 항목 표시의 원칙

1. 주요 원칙

가. 글자는 한글로 작성하고, 한자나 외국 문자는 괄호 안에 기재한다.

  예: OECD→경제협력개발기구(OECD)

나. 연월일 표기는 아라비아숫자로 하고, 연월일 다음에 마침표(.)를 쓴다.

  예: 2024. 6. 25. / 2024. 6. 25.(화) 08:00~12:00

다. 금액은 숫자 앞에 '금'을 붙이고 숫자 뒤에 원을 기록하며, 괄호 안에는 한글로 기재한다.

  예: 금58,700원(금 오만팔천칠백 원)/ 단 계약서에는 일금을 붙인다.
일금58,700원정(일금 오만팔천칠백 원정)

라. 합계를 나타낼 때는 책정된 금액과 책정되지 않은 금액에 따라 다르게 표시한다.

  예: 책정된 금액과 책정되지 않은 금액의 표기 방법 비교

책정된 금액

합계	150,000
사용료 1	100,000
사용료 2	50.000

책정되지 않은 금액

사용료 1	100,000
사용료 2	50,000
합계	150,000

마. 기안문에서 표는 소제목의 줄에 맞추고 오른쪽 한계선까지 그린다.

	기관명	참석 일자	참석 시간	참석 인원	참석 장소

1. ∨귀 기관의 무궁한 발전을 기원합니다.
2. ∨○○ 호와 관련하여 ……………………………………………………
∨∨ 가. 참석 대상

※ 왼쪽 한계선부터 그릴 수도 있지만, 소제목의 줄에 맞추는 것이 보기 좋다.

2. 흔히 범하는 오류

가. 공문서에서 '등(들)'은 생략의 용도로만 사용한다. 즉 열거의 용도로 사용하지 않는다.

　　예: 강남구, 서초구 등 25개 기초자치단체

나. 수신자를 표기할 때 기관명이 아니라 기관장의 직위를 사용한다.

　　예: 산림청(×) → 산림청장(○)

다. 불필요한 단어(~으로 인하여, ~에 대하여 등)의 사용

　　예: 폭우로 인하여 저지대 침수→폭우로 저지대 침수

　　조례를 개정함에 있어→조례를 개정하는 데

라. 한자어 대신 쉬운 우리말 사용

  예: 기일을 엄수하다.→날짜를 지키다.

다음과 같이 통보하오니→다음과 같이 알려드리니

기 통보한 내용→이미 알려드린 내용

마. 문서의 소제목을 정렬할 때 보기 좋게 하는 경우

---

1. 귀 기관의 무궁한 발전을 기원합니다.
2. ○○○ 호와 관련하여 ....

가. 일   시: 2024. 7. 1.(월)   가. 일시:
나. 장   소: 어린이대공원   나. 장소:
다. 참석 인원: 50명   다. 참석 인원:

비슷한 나무 구별하기

㈜대성나무병원 배해진

꽤 오랜 시간 나무와 관련된 일을 하고 틈틈이 관심을 기울이지만, 여전히 이름조차 알지 못하는 나무가 많다. 주변 동료들도 나와 수준이 비슷하니 조경학과를 나온 동료에게서 교목과 관목류와 초화류를 배울 뿐이다. 제대로 수종을 구별하는 고수를 만나 조수 노릇이라도 하고 싶지만, 이마저 기회가 닿지 않는다. 인터넷에 검색해서 확인하는 것도 한계가 있는지라 답답하기는 마찬가지다. 이 글을 쓰는 이유도 이런 어려움을 아는 까닭이다. 혹 모르는 사람들에게 도움이 되지 않을까 싶어 필자가 알고 있는 몇 가지를 나열한다.

중국이 원산인 개오동은 오동나무와 비슷한 면이 있다. 방울을

닮은 오동나무 열매와 달리 개오동나무 열매는 길게 늘어져, 남쪽에서는 주로 '노나무'라 부른다. 수형은 조금 다르다. 오동나무는 위로 자라는 편인데, 개오동나무는 대체로 균형 있는 몸매를 자랑한다. 오동나무꽃은 보라색이고, 개오동 꽃은 연노란색이며 향기가 진하다. 아종인 꽃개오동은 흰 꽃이 피며, 잎도 다르다. 개오동은 잎 가장자리에 결각이 한 쌍 있고, 좌우 폭이 거의 같다. 꽃개오동은 결각이 없고, 잎이 갸름해 보인다. 오동나무도 참오동나무가 따로 있다. 중국에서는 오동나무를 파우통(包桐), 참오동나무를 마오파우통(毛包桐)이라 부른다. 참오동나무는 꽃에 비늘털이 많은 편이고, 꽃 안쪽에 자주색 점선이 선명하다.

'살아 있는 화석'으로 불리는 메타세쿼이아와 낙우송도 특징을 정확히 알지 못하면 헷갈리기 쉽다. 낙우송과 메타세쿼이아 둘 다 원뿔형을 이루지만, 낙우송은 가지가 양팔을 벌린 듯이 옆으로 자라며, 메타세쿼이아는 가지가 위로 자란다. 낙우송은 열매 지름이 메타세쿼이아보다 2배 정도 크고 열매자루가 거의 없으며, 메타세쿼이아는 열매가 작고 열매자루가 있다. 낙우송은 잎과 잔가지가 어긋나고, 메타세쿼이아는 마주난다. 마지막으로 메타세쿼이아는 바닥에 호흡근이 나오지 않는다.

몇 년 전 고향 선산에 갔다. 친척 형님이 산에서 향나무를 캐다

심었는데 잘 자란다고 자랑하신다. 산에 향나무가 자생할 리 없어서 가보니 역시나 노간주나무다. 노간주나무는 향나무와 달리 비늘잎이 생기지 않는다. 가늘고 긴 바늘잎이 향나무에 비해 성글게 달린다. 노간주나무도 생육 환경만 맞으면 향나무 못지 않게 듬직하게 자란다.

남쪽 지방에 가면 서어나무가 많다. 하지만 알고 보면 거의 개서어나무다. 서어나무는 수피가 깨끗하고 단단해 보이지만, 개서어나무는 검은빛이 많이 섞여 있다. 소사나무와 까치박달 같은 서어나무속은 암꽃이 신초 끝에 숨어서 보기 힘들지만, 수꽃은 풍성하다. 서어나무의 수꽃은 자갈색이고, 개서어나무는 녹색이다. 개서어나무의 잎맥은 12개 이상으로 서어나무보다 많다. 서어나무 열매가 좌우 균형이 맞는다면, 개서어나무는 반쪽밖에 없다.

우리나라 자생종 주엽나무도 꽤 낯선데, 전국에 분포하니 눈여겨보면 간간이 발견할 수 있다. 잎은 아까시나무와 비슷하지만 좀 더 갸름하고, 잎끝에 홈이 없는 점이 다르다. 무시무시한 가시와 작두콩 같은 열매를 주렁주렁 단 모양이 특징이다. 주엽나무와 비슷한 조각자나무도 있다. 경주시 안강읍 독락당에 있는 조각자나무(천연기념물)는 회재 이언적이 사신으로 중국에 다녀온 친구에게서 종자를 얻어 심은 것이라고 한다. 주엽나무의 큰 가시는 납작해서 칼과 같고, 조각자나무의 가시는 둥글어서 창과 같다. 주엽나무 열매는 늙은 멧돼지의 어금니같이 구불구불해서 저아조협(豬牙皁莢), 조각자나무의 열매는 갸름해서 장조협(長皁莢)이라 한다.

주엽나무 열매   조각자나무 열매

참나무는 특정한 나무를 지칭하는 게 아니라 참나무과에 속하는 모든 나무를 일컫는 말이다. 우리나라에는 참나무과 나무 38종이 있는데, 이중 낙엽활엽수에 드는 참나무 6종은 구별하기 까다롭다. 지방에는 보호수로 지정된 참나무류가 여럿 있지만, 잘못된 이름표를 단 경우가 있어 안타까운 경우가 많다.

상수리나무와 굴참나무는 잎이 구둣주걱 모양인데, 상수리나무는 앞뒤 색깔이 비슷하고 굴참나무는 다르다. 갈참나무 잎은 거꿀달걀형이고, 졸참나무 잎은 이보다 작으며 길쭉한 타원형인데 둘 다 잎자루가 길다. 떡갈나무 잎은 아래쪽이 두툼한 귓불 모양인데, 신갈나무는 귓불 모양이 평이하고 전체적으로 갸름한 편이며 둘 다 잎자루가 거의 없다. 도토리는 모두 각두(깍정이)에 둘러싸였다.

상수리나무와 굴참나무, 떡갈나무 각두에는 길게 자란 포가 있고, 나머지는 없다. 상수리나무 수피는 갈라진 틈 사이로 황색 바탕이 언뜻 보이고, 목질이 치밀한 느낌이다. 굴참나무는 코르크층이 두꺼워 푸근한 느낌이고, 갈참나무는 잉어 비늘 같은 것이 퇴색된 듯하다. 졸참나무는 위를 쳐다보면 희끗희끗한 가지가 서어나무 가지처럼 보이고, 신갈나무도 졸참나무 수피와 비슷해 떡갈나무와 구별된다.

산에서 흔히 만나는 나무 중에 경상도 사람들이 아끼는 초피나무가 있다. 배초향(방아)을 쓰기도 하지만, 유난히 이 나무의 잎과 열매를 좋아한다. 잎은 김치 담글 때 쓰고, 열매는 추어탕에 넣는다. 잎에서도 자극적인 향이 나지만, 열매는 씹으면 혀가 아릴 정도다.《조선왕조실록》에 따르면 무지한 백성들이 이것을 풀어 물고기를 잡는다고 한탄했을 정도다. 초피나무와 비슷해서 많은 사람이 혼동하는 산초나무도 있다. 요즘은 너무 비싸 사용하기 어렵지만, 예전에는 구수한 맛을 아껴 흔히 사용하던 재료다. 열매로 기름을 내어 두부를 구우면 온 동네가 이 기름 냄새로 가득하다. 이름하여 산초 기름 두부구이다. TV 프로그램 〈나는 자연인이다〉에 열매로 장아찌 담그는 게 자주 나오는데, 바로 산초장아찌다.
초피나무는 강한 향이 나지만, 산초나무는 이런 향이 없다. 초피나무 열매는 모여나고, 산초나무 열매는 열매자루가 분지된다. 북

한에서 분지나무라고 부르는 것도 이 때문이다. 산초나무는 잎자루가 붉어 멀리서도 눈에 띈다. 초피나무 가시는 마주나고, 산초나무의 가시는 어긋나며 돌려난다.

나무 나이 맞힐 수 있을까?

㈜월송나무병원 김철응

나무병원에 근무하다 보면 무엇보다 필요한 직무 능력이 조율(조정) 능력임을 느낀다. 나무병원에서는 나무를 진단하고 처방에 따라 치료하면 된다고 생각하기 쉬운데, 현실은 처방 내용을 그대로 시행하기 어려운 경우가 많다. 이런 과정은 치료뿐만 아니라 진단 단계부터 현실적인 벽에 부딪히기도 한다.

살아 있는 나무를 진단할 때는 진단 대상을 바라보는 시각에 따라 의견이 다를 수 있다. 진단은 있는 그대로(객관적인 자료나 양심에 따라서) 파악하고, 처방전이나 의견서를 작성하게 돼 있다. 하지만 진단 내용을 신뢰하지 않고 본인이 원하는 내용으로 작성해달라고 요구하는 경우가 생각보다 많다.

예를 들어 수고나 가슴높이 지름은 장비를 이용해 측정하기 때문에 별다른 이견이 없지만, 수령은 예민하게 여기는 분들이 있다. 100년 이상이 됐다고 들었는데 왜 70년이라고 하느냐, 300년 된 나무를 왜 100년 된 나무라고 하느냐는 식이다. 이 부분을 설명하려면 가슴높이 지름 대비 연간 생장량을 대략 계산해야 한다. 그런데 연간 생장량은 수종마다, 생장 기간과 생육공간에 따라 달라서 명쾌히 밝히기 어렵다.

나무의 둘레를 측정하는 과정 수령은 나무 단면을 자르고 나이테를 촬영해 확대하면서 측정하면 정확도를 높일 수 있다. 염색하면 나이테가 좀 더 선명하게 드러나기도 한다.

오래된 나무병원일수록 수종별 평균 생장량과 관련된 정보를 어느 정도 확보하고 있다. 나무를 잘라야 하는 경우, 나이테를 잰 기록이 회사에 자료로 남아 있다. 그런 개략적인 수치를 가지고 일반적인 평균값으로 설득하는 수밖에 없다. 그래도 안 되면 직접 보여주는 수밖에 없다. 굵기가 적당해 자를 수 있는 가지나 부러져 떨어진 가지의 단면을 매끈하게 다시 절단하고 나이테의 폭을 측정한다. 이때 일반 줄자보다 디지털 캘리퍼 같은 장비를 활용하면 신뢰도를 높일 수 있다.

일반적으로 가지 굵기가 가는 경우 생장 폭이 다소 크다는 한계가 있지만, 자른 가지와 대상 나무의 줄기 굵기를 비례식으로 계산하면 대부분 수긍한다. 나이테 간격이 촘촘한 경우, 현미경이나 사진기로 촬영해서 확대하면 효과적이다.

측정은 디지털 캘리퍼를 활용한다.

크기가 작거나 정확도를 높이기 위해서는
현미경으로 확대한 사진을 활용한다.

조율 능력은 말이 전부가 아니다. 상대방이 듣기 좋은 소리, 임시방편에 지나지 않는 말 등으로 설득하려고 해선 안 된다. 많은 것을 직접 확인하기를 원하는 현대인에게 "내 경험이 이렇습니다" 식으로 하는 말은 신뢰성을 얻기 어렵다. 조율하는 과정에 상대방의 마음이 상하지 않도록 하되, 구체적인 사례나 수치를 들면 대부분 인정한다. 그러기 위해서는 언변이 아니라 과학적 지식이 필요하다. 과학적 지식은 한순간에 얻을 수 없기에 경륜이 필요하다. 이론적 지식이 아무리 많아도 현장에서 문제를 해결할 순 없다.

많은 과학적 지식을 갖췄다는 자만과 의욕에 넘쳐서 상대방을 고려하지 않은 채 일방적으로 훈계하는 느낌을 주는 조율은 피한다. 많은 나무병원 종사자들이 이런 실수를 하는 것을 봐왔다. 조율 능력은 이론적 지식과 겸손함이 곁들여진 능력이다.

국립산림과학원 산림ICT연구센터가 제작한 '가슴높이 지름에 따른 노거수 수령 추정식'을 활용하면 수령 추정에 도움이 된다. 일반적으로 노거수는 동공, 부후 등으로 목편 추출이 어려워 가슴높이 지름에 따른 수령 추정식을 이용한다. 나무의 가슴높이 지름과 수령의 관계를 나타내는 함수식으로 나타내는 방법이다. 기본적인 함수식은 아래와 같지만, 매개변수를 별도로 제작해 활용할 수 있다. 이 추정식은 엑셀 프로그램으로 자동 계산된다.

$\log A = a + b \times \log(D)$

A=수령 / D=반경(mm) / a, b=수령 추정 매개변수[1]

수령 추정식은 나무마다 생장량이 다르므로 먼저 수종과 지역

---

1) 국립산림과학원 산림ICT연구센터, '가슴높이 지름에 따른 노거수 수령 추정식'

을 선택하도록 한다. 그다음 가슴높이 지름(혹은 가슴높이 반경)을 측정하고 해당 수종의 매개변수(파라미터) a, b 계수 값을 입력하면 자동으로 계산된다. 가슴높이 지름을 대입하면 가슴높이 반지름으로 자동 계산되고, 매개변수 역시 자동 계산되므로 어려운 것은 없다.

가슴높이 지름을 cm로 입력하고, 수종과 지역에 근접한 매개변수(번호)를 찾아 입력하면 수령 추정값이 자동 계산된다.

원하는 지역의 수종을 찾아 매개변수값을 입력한다.

간편함이 최대 장점이지만, 다양한 수종에 대한 매개변수가 상대적으로 적어 근접한 수종을 선택·산출해야 한다는 한계가 있다. 나무가 자라는 환경(토성, 지피물, 답압 등)과 기후(기온, 강수량 등)에 대한 고려가 미비하니 활용하는 사람은 다양한 요소를 감안해 종합적으로 판단하면 도움이 될 것이다.

작고 까다로운 해충, 진딧물의 습성 알면 예방 가능

㈜두솔나무병원 오이택

 수목의 병해충 예찰을 나가면 가장 많이 접하는 곤충이 진딧물이다. 진딧물은 식물의 체관부에 구침을 찔러 영양분을 빨아 먹는 대표적인 흡즙성 해충으로, 많은 나무에 발생한다. 분류학적으로 노린재목(Hemiptera), 진딧물 아목(Sternorrhyncha)의 진딧물과(Aphididae)에 속하며, 전 세계에 5,000여 종, 우리나라에 503종이 있다.[2] 이중 목화진딧물, 조팝나무진딧물, 찔레수염진딧물 등 65종이 농작물, 과수, 화훼, 생활권 수목 등에서 문제를 일으킨다.[3]

---

2) 국가생물종목록: 곤충, 2023 참고
3) 국립생물자원관 참고

생활사(Life Cycle)는 유성세대가 있는 완전생활환과 없는 불완전생활환 두 종류가 있다. 불완전생활환은 살아가는 데 적절한 환경으로 유성세대 없이 연중 암컷이 단위생식만 하는 경우를 말하며, 열대지방의 진딧물은 대부분 여기에 속한다. 우리나라에 서식하는 대다수 진딧물은 완전생활환에 든다. 완전생활환은 연중 동일한 기주에서 생활하는 단식형, 겨울기주와 여름기주를 이동하는 이주형으로 나뉜다.

진딧물은 기주 특이성이 높아 종별로 서식하는 식물이 제한적이고, 같은 종이라도 성별과 날개 유무(유시형과 무시형), 계절에 따른 형태적 변이가 다양하다. 단위생식(수정 없이 유전적으로 동일한 후손이 생산되는 생식)과 양성생식을 거치는 과정에서 다양한 현상을 보이기 때문에 형태적 차이, 기주식물, 생활사를 이해해야 한다.

기주 교대를 하는 진딧물은 알로 월동하고 이듬해 3~4월경 간모(월동 알에서 부화한 첫 세대 진딧물)로 부화한다. 이후 단위생식을 통해 무시충(날개 없는 진딧물)으로 세대를 반복하며 빠르게 증식한다.

5월 하순경이 되면 유시충(날개 있는 진딧물)이 출현하여 여름 기주로 이동한 뒤 다시 세대를 반복하며 증식하다가, 10월경 환경이 불리해지면 태생 암컷이 날개가 있는 암컷 과 수컷을 만들어 겨울 기주로 이동한다. 겨울 기주에 정착한 후에는 유성형(교미 가능한) 암컷이 수컷과 교미하여 월동란을 낳고, 이를 통해 겨울을 난다.

크기가 0.5~8.0mm인 진딧물은 성충이나 약충이 기주식물의 잎

뒷면, 줄기, 새순(신초) 등에 집단으로 서식하면서 영양분을 수탈해 각종 농작물이나 수목류에 직접적인 해를 끼친다. 일차적으로 흡즙에 따른 탈색, 벌레혹, 왜소 증상, 섭식 과정에서 여러 가지 식물병을 유발하는 병원체, 특히 바이러스를 기주식물로 옮기기 때문에 농작물과 산림의 해충 관리에 중요한 곤충이다. 진딧물이 배설한 감로는 잎을 오염하고 그을음병을 유발해 광합성을 저해하는 등 이차적 피해가 심각하다.

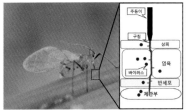
기주식물 체관부 흡즙과 바이러스 매개 과정

감로에 따른 그을음병 발생[4]

진딧물은 잎이 나오면 조금 있다 발생한다. 새순이 나오는 부분을 집중적으로 관찰하면 진딧물 발생 여부를 확인할 수 있다. 많은 진딧물이 기주교대를 하는데, 잎이 나오는 봄에 집중적으로 가해하다 여름철에는 다른 식물로 이동하는 습성이 있다.

---

4) 서홍렬·강의영·오홍윤·이민호·이승환, 《한국의 진딧물 I(노린재목: 진딧물과)》, 2019, 국립생물자원관.

중간기주가 있는 수목 가해 진딧물[5]

해충명	중간기주	주요 가해 수종	주요 산란 장소
목화진딧물	오이, 고추, 가지 등	무궁화, 석류나무, 감귤, 배 등	무궁화 눈·가지
복숭아혹진딧물	무, 배추 등	복숭아나무, 매실나무 등	복숭아나무 겨울눈 부근
때죽납작진딧물	나도바랭이새	때죽나무	때죽나무 가지
사사키잎혹 진딧물	쑥류	벚나무류	벚나무류 가지
외줄면충	대나무류	느티나무	느티나무 수피 틈
조팝나무진딧물	명자나무, 감귤 등	사과나무, 조팝나무	조팝나무 눈, 사과나무의 웃자란 가지
일본납작진딧물	조릿대, 이대	때죽나무	때죽나무
검은배네줄면충	벼과 식물	느릅나무, 참느릅나무	느릅나무 수피 틈
복숭아가루 진딧물	억새, 갈대 등	벚나무류	벚나무류
벚잎혹진딧물	쑥류	벚나무류	벚나무류
검은층층나무 진딧물	벼과류	산수유나무, 층층나무, 말채나무 등	말채나무류
아카시아진딧물	콩과류	회화나무, 아까시나무	아까시나무류

---

5) 다음 자료를 참고해서 재정리함. 홍기정·김철응·권건형·이광재·문희종, 《수목해충학》, 2019, 향문사. 서홍렬·강의영·오홍윤·이민호·이승환, 《한국의 진딧물 I(노린재목: 진딧물과)》, 2019, 국립생물자원관.

해충명	중간기주	주요 가해 수종	주요 산란 장소
잠두진딧물	고추, 콩, 토마토, 국화 등	노박덩굴, 참빗살나무, 백당나무 등	
콩진딧물	콩, 돌콩, 팥 등	갈매나무, 좀갈매나무	갈매나무류
딱총나무진딧물	명아주, 소리쟁이 등	딱총나무, 붉나무, 말오줌나무 등	딱총나무류
여뀌못털진딧물	여뀌류	보리수나무	보리수나무류
두릅쌍꼬리 진딧물	두릅나무	버드나무류, 닥나무 등	버드나무류
버들쌍꼬리 진딧물	천궁, 미나리류 등	버드나무류	버드나무류
복숭아가루 진딧물	갈대류	복숭아나무, 매실나무, 살구나무 등	
봉선화수염 진딧물	물봉선	청미래덩굴	
인도볼록진딧물	원추리 등 백합류	고추나무, 말오줌때 등	
대진딧물	대나무류	홍가시나무류	홍가시 나무류, 대나무류
검은마디혹 진딧물	사위질빵, 하눌타리류	복숭아나무, 자두나무, 사과나무 등	

해충명	중간기주	주요 가해 수종	주요 산란 장소
복숭아혹진딧물	가지, 팬지 등	복숭아나무	
연테두리진딧물	연꽃, 수련, 부들 등	벚나무류	벚나무류
옥수수테두리 진딧물	벼과류	벚나무류	벚나무류
기장테두리 진딧물	벼과류	벚나무류	벚나무류
붉은테두리 진딧물	벼과류	매실나무, 벚나무, 배나무 등	벚나무류 겨울눈, 가지
배나무동글밑 진딧물	쑥류	배나무	배나무류
고사리진딧물	고사리류	가막살나무류	가막살나무류
벚잎혹진딧물	쑥류	벚나무류	벚나무류
모리츠잎혹 진딧물	쑥류	벚나무류	벚나무류 가지
물푸레면충	전나무	물푸레나무류	물푸레나무류
오배자면충	초롱이끼류	붉나무	이끼류
검은배네줄면충	벼과류	느릅나무, 당느릅나무, 비술나무 등	느릅나무 수피
일본납작진딧물	대나무류	때죽나무	
조록나무잎 진딧물	참나무류	조록나무	
배나무왕진딧물	팥배나무	다정큼나무, 비파나무	

이는 진딧물류의 번식과 관계가 있다. 진딧물류는 나무의 영양분인 탄수화물(설탕)을 먹으면서 생활하는데, 탄수화물은 생장에 도움을 준다. 반면 일정 기간 이후 번식해야 하는데, 진딧물류는 번식에 단백질(아미노산) 성분이 필요하다. 나무는 잎이 나오는 시기에 단백질 성분을 생산한다. 새잎이 나올 때는 집중적으로 탄수화물과 단백질을 흡수할 수 있지만, 잎이 성숙하면 단백질 생산이 줄어 번식이 어렵다. 이에 새로운 단백질을 얻을 수 있는 다른 식물로 이동해서 번식한다.

이렇듯 진딧물은 새순이나 새로 나오는 줄기에 집중적으로 가해하는 특성이 있어, 새로 나오는 부분을 멀리서 관찰하면 된다. 진딧물류를 가까이서 확인해야 할 때도 있지만, 새순이 오글거리는 증상이 나오면 확인하기 쉽다.

비가 많이 오는 장마철에 밀도가 떨어지나, 반대로 고온 건조한 날씨가 지속되면 진딧물류가 대발생할 가능성이 크다. 주기적으로 관찰하고 적절한 약제를 살포하면 방제 효과를 높일 수 있다. 표와 같이 일부 진딧물은 세대의 완성을 위해 중간기주가 필요하므로, 중간기주를 사전에 제거해 밀도를 낮추는 방법도 있다.

무궁화 새순에 발생한 진딧물

여름기주(쑥류) 잎에 발생한 진딧물

여름기주(쑥류) 줄기에 발생한 진딧물

병해를 진단하고
처방하기 위한 과정

㈜예송나무병원 이동혁

　나무의 진단을 설계하면서 수목병 방제를 등한시하는 경우가 많다. 병원체는 눈에 보이지 않을뿐더러, 병원체에 의해 병이 발생하더라도 그것이 직접적인 원인이 되어 나무가 고사할 확률이 적기 때문이다. 그래서 나뭇잎 일부에 발생한 병징에 놀라거나 실망하지 않는다. 하지만 같은 증상을 오래 방치하면 생육이 불량해지거나, 기후변화의 영향을 받아 돌발적으로 피해가 급증할 수 있다. 이때 신속하고 정확한 진단, 치료에 대한 지식과 기술이 필요하다. 치료 과정에 주로 사용하는 것이 살균제다.

　살균제 처리 과정을 살펴보자. 우선 감염된 기주와 병명을 알아야 한다. 기주를 모르면 식물 모양이나 특징을 관찰해 식물도감을 참고하거나, 스마트폰 애플리케이션(구글 렌즈, 네이버 스마트렌즈, 다음 꽃검색, 모야모)을 이용해 찾는다.

기주를 알면 병해충 도감의 병징과 표징 서술 내용, 사진을 비교한다. 하지만 아직 알려지지 않은 병원균에 따른 병이 많아, 도감 한두 권이나 문헌에 의존해서 찾기는 쉽지 않다. 경력이 쌓일수록 그 어려움은 더해지는 것이 일반적이다.

기주는 알지만 도감에 병명이 없다면 《한국식물병명목록》을 참고해 기주별로 발생하는 병명을 확인한다. 하지만 이 책에는 병징이나 표징이 기록되지 않기에 다른 도감에서 병징이나 표징을 찾아야 한다. 《한국식물병명목록》에 등록되지 않은 병이라면 기주와 일부 같은 속 식물의 병을 적용한다.

기주와 병명을 알면 살균제를 선택할 수 있다. 농촌진흥청 농약안전정보시스템(https://psis.rda.go.kr)을 참고하면 좀 더 폭넓은 약제 선택이 가능하다. 단 약제마다 작용 기작을 확인해 작용 기작이 같은 살균제를 연속해서 살포하지 않도록 한다.

살균제는 크게 보호 살균제와 직접 살균제로 나눈다. 보호 살균제는 기주에 균이 접촉하기 전에 처리하는 약제로, 빗물에 잘 씻기지 않으며 부착성이 좋다. 발병하면 직접 살균제로 처리해야 한다. 농작물은 보호 살균제와 직접 살균제를 시기적절하게 사용하겠지만, 나무는 한정된 예산에 살균제 방제가 1~2회인 경우가 많아 주로 직접 살균제만 처리하는 것이 효율적이다.

보호 살균제는 19세기 말부터 사용한 최초의 살균제 보르도액, 작용 기작 카(다점 접촉 작용)에 해당하는 디티아논, 만코제브, 티람 등이 있다.

직접 살균제는 아실알라닌계, 벤지미다졸계, 유기인계, 스트로빌루린 등 침투성 살균제에 속하는 것이 많다. 발생한 병원균에 효과가 좋은 살균제는 직접 처리해봐야 알 수 있다. 같은 형태 병원균이라도 지역에 따라 다를 수 있고, 살균제를 처리한 적이 이력에 따라 내성으로 약효에 차이가 날 수 있다. 실험실이 있다면 병원균을 순수 분리한 뒤 배지에 키워 약제 배지에 접종하는 약효 실험을 통해 효과가 좋은 약제를 선별할 수 있다. 하지만 병원균이 자라는 속도가 제각각이고, 한 번에 순수 분리에 성공해도 최소 2주 정도 걸린다. 병원균이 자라는 속도가 느리거나 순수 분리가 잘되지 않으면 시간이 더 걸리고 실험 장비가 고가라, 나무병원에서는 현실적으로 실험실과 같은 약효 실험을 하기 어렵다. 결국 현실적으로 농촌진흥청 농약안전정보시스템에 등록된 약제를 선택한다.

희석 배수는 농약병 뒷면의 설명이나 농촌진흥청 농약안전정보시스템을 참고한다. 처리 방법은 동력 분무기를 주로 이용하는데, 크레인이 들어가기 어려운 경우 키 큰 나무는 장대에 연결해서 방제한다. 침투이행성 살균제는 약제가 직접 접촉되지 않아도 수목 내부로 이동하므로 수고가 높은 나무에 대한 부담은 덜었다.

선정된 약제가 모두 방제 효과가 있을까? 가장 효과가 좋은 약제
는 무엇일까? 같은 약제로 처리하면 언제쯤 내성이 생길까? 다양한
질문을 생각하면서 진단을 설계하고 방제 후 효과를 확인하면 차별
화된 방제 방법을 얻게 될 것이다.

우리나라 식물 병해의 명칭이 기록된　우리나라의 대표적인 병해 도감 《조경수·
목록집 《한국식물병명목록》(절판)　특용수 병해도감》(국립산림과학원)(절판)

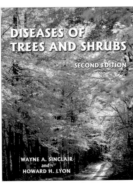

일본의 대표적인 병해 도감　　미국의 대표적인 병해 도감 《나무의 질병
《일본식물병해대사전》　　　(Diseases of Trees and Shrubs)》

비파괴 음파단층촬영 (Picus 3)

㈜신영건설 박수연

진료의 정확성과 신속성을 높이기 위해 다양한 장비가 활용되고 있다. 나무도 사람과 마찬가지로 외부에 나타나는 증상은 감지하기 쉽지만, 내부에서 일어나는 변화는 육안 확인이 어려워 정밀 진단이 필요하다. 나무의 내부 결함을 발견하지 못한 채 장시간 방치하면 이상기후나 돌발 상황으로 나무가 부러지거나 뿌리째 뽑히면서 인명 피해가 발생할 수 있고, 자동차나 건물을 훼손하는 재산 피해로 이어져 예방이 필요한 실정이다.

특히 생활권의 가로수와 보존 가치가 있는 노거수에 손길이 더 닿는다. 도시 숲이라 불리는 가로수는 일상생활에 밀접하게 연관돼 사고 발생 시 관리해야 하고, 노거수는 문화적 가치가 있어 다음 세대를 위한 유지·관리 차원에서 관리가 필요하다.

나무의 위험성을 진단하기 위해서는 내부가 건전한지 검사를 통해 확인할 수 있다. 내부에 결함이 없고 뿌리가 균일하게 뻗어있으면 위험 상황으로 버틸 힘이 존재하나 결함(균열, 부후, 공동)이 발생하면 줄기 절단이나 도복으로 이어질 수 있어 사전 내부 검진이 매우 중요하다.

현재 우리 나무병원에서 나무 위험성 진단에 주로 사용되는 장비로는 비파괴 방식의 수목내부진단 장비인 Picus 3가 있다. Picus 3는 내부를 정밀 진단할 수 있는 단층촬영 장비로 음파를 이용한 측정법(Picus SoT)과 전기저항을 이용한 측정법(Picus ERT)이 있다. 오늘 이 시간에 음파를 이용한 음파단층촬영법에 대해 자세히 다루어 보려고 한다.

Picus 3 측정법

Picus SoT(Sonic Tomography)

음파를 활용한 방법이다. 음파 속도는 나무의 탄성계수와 연관이 있어 병이나 물리적 손상으로 결함(균열, 공동, 부후)이 발생하면 나무의 탄성계수가 감소한다. 부후 발생에 따른 물리적 특성의 변화를 감지할 수 있다.

Picus ERT(Electrical Resistance Tomography)

전기저항을 활용한 방법이다. 수분함량, 세포의 구조, 이온을 띠는 화학적 구조물의 조성 등 나무의 화학적 특성에 민감하게 반응한다. 부후 발생에 따른 화학적 특성의 변화를 감지하며 음파단층촬영으로 탐지가 어려운 초기 부후를 감지한다.

측정 원리

Picus SoT는 비파괴 방식의 음파를 이용한 내부 부후도 측정법으로, 컴퓨터 단층촬영인 CT 촬영법에서 나왔다. CT 검사는 현대 의학의 대표적인 진단 도구 중 하나로, 여러 질병을 상세히 관찰할 수 있다. 강력한 X-선 촬영 기술을 이용해 단면 영상을 촬영하고 결과를 통해 병변의 위치, 크기, 모양 등을 정확하게 파악할 수 있어 환자에게 적절한 치료를 제공할 수 있다.

Picus SoT는 CT검사와 같이 보이지 않는 내부를 정밀하게 진단할 수 있다. 측정법이 간단하며, 타 장비에 비해 휴대가 간편하다. 또한 나무에 상처를 거의 내지 않고 진단 결과를 직관적으로 확인할 수 있다.

수피 바깥 부분에서 음파(진동)를 발생시켜 음파를 한 지점(타격점)에서 다른 지점(반응점)까지 횡단하는 음파 속도로 줄기의 가로 단면을 측정한다. 나무 내부를 횡단하는 음파 속도는 목재의 탄성계수와 밀도에 따라 차이가 발생하고, 건전부에 비해 결함부의 음속이 상대적으로 느려진다. 목재는 병이나 물리적 요인으로 손상돼 결함(공동, 부후, 균열)이 발생하는데, 이 결함이 목재의 탄성과 밀도를 낮춘다. 탄성과 밀도의 감소는 음파가 한 지점에 도달하는 시간을 늦춰 건전부와 결함부의 음파 속도 차가 발생하고, 소프트웨어가 이 상대속도를 계산한다. 음파 속도는 각 센서에 도달한 음파 시간 정보에서 '속도=거리/시간'으로 계산한다. 음파가 공동을 횡단하지 못하면 타격점에서 반응점까지 도달하는 시간이 다르게 계산돼, 음파가 만들어지고 되돌아오는 시간과 나무의 형상 정보로 겉보기 속도를 측정해서 내부의 건강 상태를 판단한다. 우리는 이 측정법으로 내부의 결함(균열, 부후, 공동), 잔여 벽의 두께 같은 결과를 얻을 수 있다.

Picus 3, 측정 결과
(좌수영성지 푸조나무)

결과 해석

타격점에서 반응점까지 상대속도에 따라 측정 결과가 주요 세 가지 색상으로 나타난다. 눈에 보이지 않는 정보를 영상화하는 일련의 기술로, 내부 결함과 분해 정도를 감지해 내부 상태를 형상화한다. 타격점에서 반응점까지 상대속도에 따라 색으로 구분 가능하고, 아래 표와 같이 나타낸다.

Picus 3 결과값 해석

색 상	결 과	해 석
	음파가 매우 빠른 구간 (높은 탄성계수)	건강한 부분 (Solid wood)
	음파가 매우 빠르거나 느린 구간 (손상된 정보에 따라 다양한 해석 가능)	초기 부후, 전이 지대
	음파가 매우 느린 구간 (낮은 탄성계수)	부후, 공동(Damage)

Picus 3 측정 결과 사례

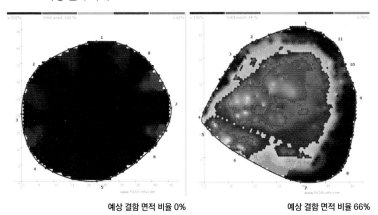

예상 결함 면적 비율 0%   예상 결함 면적 비율 66%

결과값으로 나타난 주요 세 가지 색상에서 진한 갈색에 가까울 수록 음파 속도가 빠르고, 탄성계수가 높다. 이 경우 부후가 진행 되지 않은 건전한 상태로 해석한다. 자주색과 파란색은 갈색인 건 전부보다 음파 속도가 상대적으로 느린 영역으로, 탄성계수가 낮 다. 음파 속도에 영향을 미쳤을 부후와 공동 같은 결함이 있는 것으로 판단되어 건전하지 않은 상태로 해석이 가능하다. 초록색으로 나타난 영역은 음파 속도가 중간이나 느린 영역으로 초록색 영역의 폭과 위치에 따라 부후 정도를 다양하게 해석할 수 있다. 색 영역 외에 링 모양이나 별 모양 내부 균열(crack)은 실제 결함의 위치와 면적 비율을 지나치게 표현했을 가능성이 있어 해석에 유의해야 한다.

별 모양 내부 균열 예시

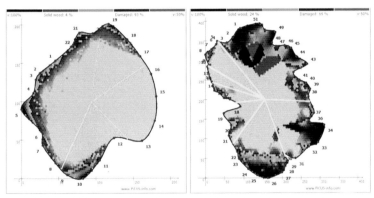

예상 결함 면적 비율 93%   예상 결함 면적 비율 69%

부후도 등급은 72쪽 표와 같이 5개로 나뉜다. A등급은 결함 면적 비율이 0%로 건전한 나무다. 외관상 결함이 확인되면 내부 결함을 의심하는데, 외관상 결함이 전부 내부 결함으로 이어지진 않는다. B등급은 결함 면적 비율 1~19%로 뚜렷한 결함은 없고 위험성이 낮다. 가로수에서 많이 확인되는 등급으로 줄기가 찢어지거나 작은 공동이 발견되는 등 작은 결함이 있다. C등급은 B등급의 상처에서 부후가 진전된 경우로, 뚜렷한 결함이 있어 주기적인 관찰이 필요하다. 결함 면적 비율이 20~39%로, 결함 위치에 따라 상태의 심각성이 다르며, C등급은 주기적인 관찰로 결함의 진전 정도를 관찰해야 한다. D등급은 결함 면적 비율 40~49%로, 점차 부후 면적이 확대되며 공동이 형성된다. E등급은 결함 면적 비율 50% 이상으로 도복, 부러짐 등 위험성이 높다. D등급과 E등급은 건전부가 상대적으로 적은 나무에서 나오는 등급으로, 주기적인 관찰이 필요하다.

예상 결함 면적 비율에 따른 부후도 등급[6]

등급	판정 기준	노출 길이 비율 (노출부 길이/측정 둘레, %)	예상 결함 면적 비율(%)
A	건전	0	0
B	뚜렷한 결함 없고, 위험성 낮음	노출 비율 33% 미만, 수세 양호	1~19
C	뚜렷한 결함 있어 주기적인 관찰 필요	노출 비율 33% 미만 수세 약간 불량 이하	20~39
D	당장 도복 가능성 낮지만, 위험성 높음 당장 도복 가능성 낮지만, 위험성 높음	노출 비율 33% 미만 공동 중심부까지 도달 노출 비율 33% 이상 공동 중심부까지 미도달	40~49
E	도복, 부러짐 등 위험성 매우 높음	노출 비율 33% 이상 공동 중심부까지 도달	50 이상

6) 일본 국토교통성 국토기술정책종합연구소

측정 순서와 방법[7]

1. 측정 위치(높이) 결정

결함이 있거나 의심되는 지점으로 측정 위치(높이)를 결정한다. 일반적으로 육안 조사에서 자실체, 부후, 공동 등 결함이 의심되는 부위를 측정하나, 의심 부위가 없다면 가급적 지제부(지면에서 20cm이내 높이)와 가까운 위치를 측정한다. 나무망치로 측정 부위를 두드려 타진음이 이상한 부위를 측정 위치로 결정하기도 한다.

결함(공동, 부후)이 있는 경우 측정 위치 예시

---

7) 김상동·손지원·신진호·이광규·안유진, 《2021 노거수 비파괴 수목단층촬영 적용 및 신뢰성 분석》, 국립문화재연구소 자연문화재연구실

2. 측정 포인트(MP) 결정

나무 둘레를 측정하고 줄기 굴곡 형태를 고려해 MP(못이나 핀) 8~12개를 기본으로 가급적 균등한 간격으로 설치한다. 줄기 굴곡 형태가 불규칙하거나 가슴높이 지름이 클 경우 MP를 12개 이상 사용할 수 있고, 간격은 15~45cm로 한다. 간격이 이보다 좁거나 넓으면 토모그램 형성에 오류가 생길 수 있으니 주의해야 한다. 결함부의 세밀한 설정을 위해 근접하게(10cm 이내) 설정해야 할 경우는 높낮이를 다르게 한다. 가급적 균등한 설치가 좋으나, 단면 형태가 최대한 나타나도록 굴곡을 살려서 설치한다. MP는 끝 방향이 심재 중심부로 향하며, 진단 대상목 수피의 두께에 따라 설치 깊이는 다르다.

줄기 굴곡 형태를 고려한 MP 설치

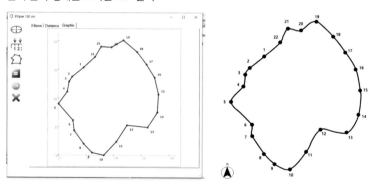

3. 나무 단면도 형성

나무의 정확한 단면 형성을 위해 앞서 결정한 측정 포인트인 MP

와 MP의 직선거리를 디지털 캘리퍼로 측정한다. 디지털 캘리퍼에서 MP 번호가 지정되며, 지정된 MP 순서대로 측정하면 측정값이 자동으로 소프트웨어에 입력된다. 센서 간의 거리를 정확하게 측정할수록 정확한 음속 계산이 가능하며, 나무 단면 토모그램이 형성된다.

나무 단면도 형성

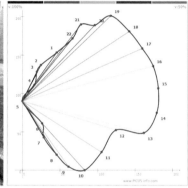

4. 음파 속도 측정

나무 둘레에 설치한 각 MP에 음파 속도를 측정하는 센서를 시계 반대방향으로 부착한다. 한 케이블에 센서 6개로 구성되며, 총 2개 케이블이 있어 센서 12개가 사용 가능하다. 가슴높이 지름이 작은 나무에서는 6~12개 센서로 측정이 가능하지만, 노거수는 MP가 30~50개 이상 사용돼 1~12번을 측정 후 몇 차례 센서 위치를 옮기며 측정해야 한다. 센서 번호와 MP 번호가 일치하는지 확인하고, 전자 망치에 달린 음파 전달 장치를 센서에 부착한다. 가볍게 4회 이상 오류가 나지 않도록 일정 세기로 타격하고, 측정 완료 메시지가 나오면 다음 측정 지점으로 이동한다.

설치 모습

5. 계산과 해석

측정된 음파의 상대속도로 토모그램이 생성되면, 육안 조사 결과와 정밀 진단 결과를 종합적으로 분석해 신뢰도 높은 진단을 내릴 수 있다.

토모그램은 부후와 공동의 유무가 아닌 속도의 상대적 차이를 나타내기 때문에 조사자의 해석과 토모그램 결과가 다를 수 있고, 같은 토모그램을 보고 다양한 추론이 가능하기도 하다. 결과 해석은 조사자의 몫으로 데이터로 진단에 유효한 값을 얻어야 해 숙련된 전문가의 해석이 중요하다.

나무 내부 결함 진단을 위해 다양한 장비를 이용해도 한계가 있다. 나무 내부에 균열이 있으면 음파가 균열을 넘지 못해 토모그램이 실제와 달리 결함이 지나치게 측정될 가능성이 있다. 해석의 오류를 방지하기 위해 해석자의 지식과 경험으로 종합적 진단을 내리고 재해석해야 한다.

나무줄기 단층촬영 측정 조사표

음파 전달 능력 차이의 구체적인 원인은 파악이 어렵고, 이는 정확한 손상 유형 식별이 불가능함을 뜻한다. 부후, 공동, 균열 그 외

원인일 수 있다. 이와 같은 한계를 넘어 정확한 진단을 내리기 위해서는 검증된 기술적 전문 지식을 꾸준히 발전시키고, 다양한 경험을 쌓아야 한다.

참고 자료

시아티엔티엔, 〈음파단층촬영 기법을 이용한 노거수 진단 및 평가〉, 동국대학교 대학원, 2019.
Picus 3 매뉴얼과 회사 블로그 http://www.candh.co.kr/kor/solution/view.html?page=&f_div=sol_si&keyword=&f_uid=43](http://www.candh.co.kr/kor/solution/view.html?page=&f_div=sol_si&keyword=&f_uid=43)

농약 살포를 잘하는 법

㈜한우리나무병원 이삼옥

2018년 나무의사 제도가 도입되고 5년간 시행한 유예기간이 2023년 6월 28일 종료됐다. 이로 인해 1,032개까지 등록된 나무병원이 2024년 6월 현재 2종 나무병원(진단·처방 불가, 치료 가능)이 없어지고, 1종 나무병원(진단·처방, 치료 모두 가능) 860개가 산림청에 등록 중이다.

나무병원의 직무 수행 능력은 크게 진단을 통한 설계와 그에 따른 처방, 예방, 치료다. 이는 예찰 대상, 범위, 시기 등을 파악해서 진단한 뒤, 설계를 통해 사업 개요를 수립하고 처방과 치료를 하는 일련의 업무 능력이다. 필자는 수년간 나무병원에 근무하면서 경험한 내용을 바탕으로 나무병원의 직무 수행 능력 중 하나를 예로 이야기하고자 한다.

생활권 수목을 진단하고 그 치료 계획을 수립하려면 설계도서를 이해하고, 작업 현장과 부합 여부를 판단할 수 있어야 한다. 이를 위해 계약이 체결되면 설계도서를 통해 작업 공정을 숙지하고, 대상지를 방문해 사전 계획을 세운다. 이때 살펴볼 사항은 입지 조건, 사람과 자동차의 통행량, 대상 수목의 생육 상태와 기주 범위 등이다. 개소가 많은 경우 지도를 통해 작업 현장 간의 동선을 파악하고, 이동 거리와 작업 소요 시간, 작업 인원 등을 고려해야 한다. 사전에 이런 작업을 하지 않고 나무를 치료하겠다는 의욕만 앞세우면 시간과 금전 낭비, 병해충보다 무서운 민원과 맞닥뜨릴 것이다.

나무병원에서 하는 대표적인 업무는 병해충 방제다. 소나무재선충병, 녹병과 잎마름병 등을 예방하기 위한 방제, 흡즙성·식엽성·천공성 해충류 등의 개체 수를 줄이는 구제 방제 등이 있다.

생활권 수목으로는 지자체에서 관리하는 공원과 녹지대, 가로수, 도시 숲, 수목원, 보호수 등이 있고, 그 외 아파트와 학교, 관공서에도 많은 수목이 있다. 이 가운데 작업 현장별 다양한 특징이 있고 연간 관리를 하는 공원부터 살펴보자.

생활권에 흔한 공원으로는 어린이공원과 근린공원, 소공원이 있고, 주제에 따라 역사공원과 체육공원, 수변공원, 문화공원 등이 있다. 공원은 도시민 휴식과 정서 함양 등을 목적으로 조성된 공간인 만큼, 방제할 때 공원을 이용하는 시민이 불편을 겪지 않도록 해야 한다. 이를 위해 작업 전 현수막을 설치해 방제 기간을 알리고, 열매나 솔잎, 나물 등을 채취하지 않도록 주의를 시킨다.

어린이공원은 주로 어린이집이나 유치원, 학교, 아파트와 인접해 등·하교 시간과 수업 중 놀이터 이용 시간은 무조건 피해야 한다. 이곳을 방제할 때는 아주 이르거나 늦은 시간, 등교하지 않는 주말을 이용하며, 방제 시 건물과 차량의 창문은 닫게 한다.

등산로와 산책로 등에 이어진 근린공원은 방제 차량 진입이 어려운 곳이 많다. 분무기 호스를 최대한 길게 연결하거나, 호스가 닿지 않는 곳은 배부식 동력 분무기를 등에 지고 방제한다. 근린공원은 이른 아침과 점심시간에 산책하는 사람이 많으니, 이 시간은 피하는 것이 좋다. 주차장에 있는 차량은 창문을 꼭 닫도록 이야기하고, 피해가 예상되는 차량은 커버를 씌우고 작업한다.

수변공원은 물가에 어류를 비롯해 많은 생물이 서식한다. 방제 시 농약이 날려서 흩어지지 않도록 주의하며, 사전에 지자체 담당자와 방제 범위나 친환경 약제 등을 상의해 다른 피해가 발생하지 않도록 한다.

체육공원은 이른 아침 운동장에서 운동하는 사람, 하교나 퇴근 후 경기장에서 경기하는 사람, 넓은 주차장을 이용하는 행사 차량 등이 있다. 많은 사람이 드나드는 만큼 이용량이 많은 시간대나 행사 등은 미리 숙지해서 피한다. 새벽이나 더워서 이용량이 적은 시간대가 방제하기 편하다.

2020년 코로나-19로 사회적 거리 두기를 도입하면서 실내에 있던 사람들이 야외 시설을 더 많이 이용하게 되었다. 그로 인해 신체적·정신적 치유와 면역력 향상에 도움이 되는 공원은 이전보다 더 중요한 공간이 되었다. 이러한 공원의 쾌적한 환경을 유지하기 위해 지속적인 예찰과 진단, 처방, 친환경적인 방제가 필요해지면서 나무병원의 역할도 그만큼 중요해졌다.

친환경적 방제

매미나방 난괴(알 덩어리)　　예찰 시 제거(매미나방 난괴 제거)

산란 중인 잎(미국흰불나방) 예찰 시 제거(미국흰불나방 피해 가지)　　예찰 시 제거 후 소각

다음은 가로수 방제다. 가로수 방제는 인도와 차도를 모두 신경 써야 하므로, 방제 전에 충분히 홍보하고 작업 현장을 세심히 살핀다. 사람과 차량 통행이 적고, 식재된 수목이 병해충에 취약하지 않으면 주간 방제가 가능하다. 그러나 주변이 상업지나 주거지인 경우

야간 방제를 해야 한다. 야간 방제는 상가가 닫히고 통행량이 적어 방제에 유리하나 작업자가 피로하기 쉬우므로, 사전 계획을 철저히 하고 충분한 휴식과 함께 실시한다. 편의점이 있는 공원, 녹지대, 가로수는 늦은 시간이나 새벽까지 음식을 먹는 사람들이 있어 야간 방제를 하더라도 항상 사람이 있는지 확인해야 한다.

초보 나무의사 시절 가로수를 처음 방제했을 때, 작업 사진을 찍기 위해 방제 차량과 함께 새벽 마라톤을 했다. 이제 1종 보통면허를 활용해 방제 차량을 직접 운전하며 사진을 찍어 마라톤을 더는 하지 않는다.

나무병원에선 수목의 병해충 예찰뿐만 아니라 사람과 차량도 방제 전에 살펴야 한다. 또 처방된 약제가 농약관리법에 따라 농촌진흥청에 등록된 약제인지 확인한다. 생활권 수목은 취급 제한이 있는 고독성 농약 사용을 금하고, 되도록 친환경 농약을 사용한다. 이를 위해 농촌진흥청 농약안전정보시스템(https://psis.rda.go.kr)에서 작물보호제지침서를 참고해 병해충별 사용 적기, 방제 방법 등을 고려한다. 약제를 살포할 때는 작업자의 안전을 위해 방수복, 모자, 안경, 마스크 등을 착용하고 농약 관리의 일반 사항을 반드시 준수한다.

나무의사 제도를 도입해 산림보호법이 개정됨에 따라 최근 학교에서 진단 의뢰가 많이 들어온다. 이 경우 대부분 행정실장이 "송

방제 모습

방제 중(배부식 동력 분무기)   야간 방제 중 약제 조제   차량에 비닐 커버 후 방제

충이 좀 없애주세요! 안 기어 다니는 곳이 없어요"라며 전화한다.

요즘같이 기후변화가 심하고 늦가을까지 덥거나 겨울철 온화한 날이 이어지면 대다수 해충이 월동으로 살아남기 때문에 피해가 커질 수밖에 없다. 매미나방과 미국흰불나방의 종령 유충을 보고 송충이라고 이야기하는 사람이 많다. '송충이는 솔잎을 먹어야 한다'는 속담이 있다. 송충이는 솔나방의 유충으로, 살아 있는 솔잎을 먹는다. 최근 일부 지역에 솔나방이 돌발적으로 발생해 송충이를 보기는 힘들어졌다.

매미나방은 활엽수와 침엽수를 모두 갉아 먹지만, 생활사가 1화기로 짧아 봄에만 피해를 준다. 그러나 미국흰불나방은 최근 생활사가 3화기까지 나타나면서 피해가 교목에서 관목으로 이어져 늦가을까지 계속된다. 번데기가 되기 위해 지피식물로 내려오는 종령 유충이 관목류뿐만 아니라 낮은 반송 주위에 몰리며 사람들이 송충이로 오인한다.

송충이로 오인하는 종령 유충

매미나방 종령 유충   미국흰불나방 종령 유충   미국흰불나방 종령 유충(반송)

　현장에서 작업 현황이 설계도서와 다른 경우, 공정을 수행할 수 없는 경우, 새롭게 추가해야 할 공정이 생기는 경우엔 상황에 맞게 작업 중 설계도서를 변경하기도 한다. 이처럼 나무병원은 설계도서를 이해하고, 작업 현장과 부합 여부를 판단하며, 현장에 맞게 설계도서를 변경할 수 있어야 한다. 또한, 인간과 나무가 함께 공존(共存)하기 위해 의뢰자나 이용자를 설득하는 능력도 때로는 필요하다.

상처 도포제의 종류

㈜월송나무병원 이효정

　나무병원에서 현장 업무를 하다 보면 수관 솎기, 수관 청소, 고사지·위험지 제거 등 가지치기(전정) 관련 업무가 많다. 가지치기의 목적과 시기, 방법, 종류를 알아보고, 가지치기로 발생한 상처 보호를 위해 사용하는 상처 도포제에 살펴보자.

　가지치기하는 주목적은 수목의 건강 증진이 가장 크고, 다음으로 수목에 따른 인명과 재산 피해 예방, 안전 도모가 큰 비중을 차지할 것이다. 적기에 가지치기하면 수목의 상처 부위를 치유하는 유합조직이 활발히 생성돼 수목의 피해가 감소하고, 수목의 건강 증진에 도움이 되는 등 유익한 점이 많다.

　사전 조사로 가지치기 계획이 수립된 수목이라면 적기에 작업할 수 있지만, 긴급 민원이나 자연재해, 인위적인 피해 등 돌발 상황으로 적기가 아니라도 부득이 가지치기하기도 한다.

활엽수는 휴면 기간(가을에 낙엽이 지고 봄에 생장을 시작하기 전)에 아무 때나 가지치기할 수 있다. 침엽수는 이른 봄에 새 가지가 나오기 전이 가장 좋고, 추운 지방에서는 가을에 가지치기하면 상처 부위 동해(凍害) 위험이 있다. 이론적으로 가지치기하기 가장 적절한 시기는 초봄이다. 상처를 치유하는 형성층의 세포분열이 봄에 잎이 나오면서 시작되기 때문이다.

가지치기 시기에 맞춰 작업하는 것도 중요하지만, 올바른 가지치기 방법도 그에 못지않게 중요하다. '자연 표적에 기초한 올바른 가지치기 방법'을 숙지해 지피 융기선을 기준으로 지륭을 남길 수 있는 각도를 유지해 바짝 자른다. 가지를 남기거나 수피가 찢어져 상처가 발생하지 않도록 주의한다.

나무병원에서 많이 하는 가지치기의 종류별 작업 방법과 목적을 알아보자.

첫째, 수관 솎기는 수관이 울창한 수목의 웃자란 가지, 역지, 경합지 등 밀집한 가지를 제거하는 작업이다. 통풍과 채광을 개선함으로써 가지의 초살도를 높여 강풍이나 호우, 폭설에 따른 피해에 대비하고자 함이다.

둘째, 수관 청소는 고사지, 부러진 가지, 병든 가지, 약지, 활력이 낮은 가지, 교차하는 가지, 맹아지 등을 제거하는 작업이다. 수관 청소 후 통풍과 채광이 잘돼서 병해충에 대한 저항성 증가, 수세 회복 효과가 있다.

셋째, 고사지·위험지 제거는 지름 20cm가 넘는 가지에 적용하며, 낙지에 따른 인명·재산 피해 예방이 목적이다. 고사지는 지륭 바깥 부분에서 바짝 자른다.

수관 솎기는 살아 있는 가지를 제거하는 경우가 많으므로, 적기에 시행할 수 있도록 발주처나 설계자, 시공자의 긴밀한 협조가 필요하다. 수관 청소와 고사지·위험지 제거는 죽은 가지, 부러진 가지, 병든 가지, 가벼운 가지치기 등은 연중 시행해도 무방하므로 상황 발생 시 작업한다.

적기에 올바른 방법으로 가지치기하면 수목 스스로 치유하는 데 많은 보탬이 된다. 상처 부위 크기에 따라 다르지만, 수목 스스로 치유하기까지 수년이 걸리기도 한다.

상처 도포제의 효과에 대해서는 국내외 학자들의 주장이 엇갈리는데도 다양한 상처 도포제가 사용된다. 2016년 《한국산림과학회지》에 실린 논문 〈현재 사용 중인 상처 도포제의 유효성 검정〉(이규화 외 5인)에 따르면, 티오파네이트메틸 도포제와 테부코나졸 도포제는 몇몇 수종에서 무처리구 대비 유의하게 높은 상처 유합률을 나타냈다. 2010년 서울대학원 박사 학위논문 〈가지치기 시기와 강도, 이식 및 상처 보호제 처리가 가지치기 상처의 구획화에 미치는 영향〉(이규화)에서 단풍나무와 스트로브잣나무를 대상으로 실험한 결과, "도포제를 처리하지 않은 상처의 유합률(70.9%)은 도포제를 처리한 상처의 유합률(80% 이상)보다 유의하게 낮았고, 도포제 처리 횟수(1~2회)에는 차이가 없다"고 밝히며 가지치기 상처에 도포제 처리를 권고하고 있다.

개인적으로 수목의 상처 부위가 병해충이나 목재부후균의 침입 통로가 되는 만큼 상처 도포제를 처리해 보호하는 것이 수목이 스스로 상처를 치료하는 데 조금이나마 보탬이 되지 않을까 판단한다.

상처 도포제는 자르고자 하는 가지를 자연 표적에 기초한 올바른 가지치기 방법대로 깨끗이 자르고, 상처 부위에 붓이나 전용 도포 주걱을 이용해 골고루 펴 바른다. 비가 내리는 날은 도포제가 씻길 우려가 있으니, 비기 그치고 마른 뒤에 처리한다. 수액이 많이 나오는 수종은 수액이 흐르지 않을 때 도포제를 처리하는 것이 바람직하다.

어느 제품이 좋다고 개인적인 견해를 밝힐 순 없다. 톱신페스트(티오파네이트메틸)는 살균 효과와 유합률 촉진 효과가 뛰어나지만, 미국 환경보호청(EPA)이 발암물질로 규정했다. 톱신페스트나 도포박사는 살균제로 등록됐으나, 락발삼은 농약으로 등록되지 않았다.

나무병원에 근무하며 사용한 세 가지 상처 도포제의 특성을 비교하면 병원균 침입 방지, 유합조직 형성 촉진, 상처 부위 보호막 효과

와 코팅 등 효과가 유사하다. 제품별로 색상이 다르니 현장 상황과
시공 방법, 수종에 따라 알맞은 제품을 사용하자.

상처 도포제 비교

구분	락발삼	톱신페스트	도포박사	비고
사진				
제조원	Frunol Delical (독일)	경농	성보화학	
판매원	유원에코 사이언스(주)	–	–	
적용 병해		수지병, 부란병	수지병, 부란병, 덩굴마름병	
유효 성분	라텍스 유제	티오파네이트메틸 3%	플루퀸코나졸 0.4% + 프로클로 라즈망가니즈 2%	
계통		카바메이트계	퀴나졸린트리아졸계 + 이미다졸계	
작용 기작		나1 (세포분열 저해)	사1 + 사1 (막에서 스테롤 생합성 저해)	
용도, 제형		원예용 살균제	원예용 살균· 도포제	

구분	락발삼	톱신페스트	도포박사	비고
장단점, 특성	높은 점성과 코팅 지속성 병원균 감염 방지 수분 침투 방지 유합조직 형성 촉진	카바메이트계 살균제보호막 효과로 병원균 침입 방지 유합조직 형성 촉진	환부 재생 촉진 우수한 접착 효과 병원균 침입 방지 병환부 코팅·방수 효과	

참고 문헌

이경준·이승제, 《조경수 식재 관리 기술》, 서울대학교출판문화원, 2022

외과수술의 시작은 재료 준비부터

㈜에코그린나무병원 송대환

나무의사라면 기본적으로 나무 외과수술을 할 수 있어야 한다. 수목 외과수술을 하지 않거나 하지 말아야 하는 일도 있지만, 나무 의사라면 나무 외과수술을 반드시 알아둬야 한다.

나무 외과수술 방법이나 과정은 많은 교육과 인터넷에 공개된 영상 자료를 통한 학습으로 현장에 투입돼도 가능할 것으로 보인다. 그러나 많은 초보 나무의사가 외과수술을 앞두고 한두 가지 난관에 부딪힌다. 수술에 필요한 도구를 포함한 재료가 무엇인지, 어디서 어떻게 얼마나 구입해야 할지 전혀 감을 잡지 못하는 경우가 많다. 충분한 학습으로 외과수술을 할 수 있을 것 같았으나, 현실을 마주 하면 실행에 옮길 수 없다는 뜻이다. 사실 나무 외과수술 기회가 많지 않을뿐더러, 수술 한 번을 위해 재료를 구입하기란 여간 부담스러운 일이 아니다.

외과수술 재료는 우리가 일상생활에서 간혹 사용하는 게 대부분이라 명칭은 한두 번 들어봤으나, 구입처를 알지 못해 애먹는 경우가 많다. 몇 가지 품목 외에는 주변 가까운 곳에서 구입하기도 쉽지 않다.

나무 외과수술에 사용하는 재료의 명칭과 구입처부터 공정 순서대로 살펴보자. 부후부 제거 후 70% 에틸알코올(살균), 페니트로티온 유제 50%(살충), 다이아지논 유제 34%(살충)를 많이 사용하는데, 통상적으로 사용할 뿐 정답으로 볼 순 없다. 현장 경험을 통해 더 뛰어난 살균제나 살충제를 선택할 수 있다. 방부 처리에는 본덱스 친환경 수용성 방부제를 사용한다. 이전에는 살균 도포제(티오파네이트메틸 도포제, 테부코나졸 도포제 등)를 많이 사용했으나, 최근 들어 이미 죽은 부위는 친환경 방부제로 처리한다. 화공 약품 취급점, 농약사, 페인트 대리점이나 온라인에서 구입이 가능하다.

살균 도포제(실바코, 톱신페스트)

본덱스 친환경 수용성 방부제

방부 처리 작업 후 공동 충전에 사용하는 2액형 경질 발포 우레탄폼이 있다. 여기서 2액형은 발포제(A제), 경화제(B제)를 일컫는 말로 통상 2액형 우레탄폼이라 한다. 필요에 따라 철물점이나 공구상에서 파는 1액형 우레탄폼도 사용한다. 2액형은 취급하는 곳이 적으며, 20ℓ 대용량으로 구입해야 저렴하다. 화공 약품을 전문으로 취급하는 업체에서 구입이 가능하다. 공동 충전의 표면 모양을 잡기 위한 마대, 부직포 등 마감재도 필요하다.

공동 충전 후 빗물이나 습기가 유입되는 것을 막고자 시행하는 방수 처리에 실리콘(무초산)을 사용한다. 보통 철물점에서 파는 실리콘(270ml)을 실리콘건에 결합해 사용하나, 방수 처리 면적이 넓은 경우 대용량 소시지 실리콘(500mL)이 비용과 시간적인 면에서 유리하다. 소시지 실리콘은 일반 철물점이나 공구상에서 취급하지 않으니, 온라인이나 대형 화공 약품 매장에서 구입한다.

2액형 경질 발포 우레탄폼

소시지 실리콘

인공 수피 공정에는 위에서 언급한 실리콘과 코르크 가루가 필요하다. 코르크 가루는 온라인에서 소량으로 판매하며, 많은 양이 필요할 때는 전문적으로 수입하는 화공약품사에서 직접 구매한다. 산화 방지와 코르크 염색에는 조색제를 사용한다. 조색제는 보통 흰색과 검은색을 혼합해 외과수술 대상 수목의 수피 색상에 맞추고, 이 과정에 아세톤을 혼합·희석한다. 조색제와 아세톤도 전문 화공약품 취급점에서 구입이 가능하다.

코르크 가루　　　　　　　　　　염색한 코르크 가루

지금까지 나무 외과수술 공정별 필요한 재료와 구입처를 알아봤다.

이제 이 재료를 사용할 수 있도록 밑 작업과 후 작업을 하는 외과수술 도구가 필요하다. 사람이 할 수 있는 일은 한계가 있기에, 외과수술용 도구를 사용해 더 편리하고 정확한 나무 외과수술을 시행한다. '나무 외과수술용'이라고 불리는 도구는 어디서도 구할 수 없다는 게 문제다. 오래전부터 나무병원을 운영하며 나무 외과수술을

한 업체는 도구를 만들어 사용한다. 신규 나무병원이나 대다수 나무의사는 어떤 수술 도구를 어디에 사용해야 하는지 전혀 모르는 실정이며, 목공용 끌 몇 종과 칼, 망치 등으로 어렵게 외과수술을 하고 있다.

형성층을 드러내는 데 쓰는 예리하고 강한 칼, 부후 심재부를 걷어내기 위한 삽 등 수많은 도구가 필요하다. 최근 충전용 전동공구와 그에 맞는 목공 가공 휠, 목공 조각기, 홀스 커터 등 다양한 제품이 출시돼 부후부 제거에 큰 도움을 준다. 이제 필수 외과수술 도구로 자리 잡아가고 있다. 충전용 미니 체인톱도 자주 사용하며, 빠른 건조와 이물질 제거를 위한 블로어나 송풍기도 필요하다.

상처 유합을 유도하는 형성층 노출에는 예리한 칼을 사용한다. 일반 커터칼을 사용하면 바깥 수피가 이탈되거나 형성층이 반듯하지 못하게 노출되니 주의한다.

공동 충전에 사용하는 2액형 발포 우레탄폼의 혼합·희석을 위한 도구가 필요하다. 경험이 없으면 이 과정을 준비하기 쉽지 않다. 발포 우레탄폼의 특성상 2액형이 희석되면 발포와 함께 경화가 나타난다. 충전이 필요한 공동이 큰 경우, 한 번 희석으로 큰 공동 충전이 불가하므로 소량씩 여러 번 혼합·희석해 충전한다. 이 과정을 최대 수십 회까지 반복하니 희석하는 도구도 많이 필요하다. 필자는 페트병과 나무젓가락, 나뭇가지 등을 충분히 준비해 교체하며 공동 충전을 시행한다.

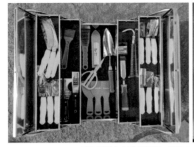

나무 외과수술에 사용하는 도구 1   나무 외과수술에 사용하는 도구 2

    충전된 우레탄폼을 성형하는 칼, 인공 수피에 사용할 코르크 반죽을 위한 통, 고무장갑 등 여러 부자재를 준비한다.

    나무 외과수술에 필요한 재료와 도구는 위에서 언급한 품목 외에 부수적으로 사용하는 기자재가 많다. 살균·살충에 사용하는 농약을 살포하는 분무기, 붓, 실리콘 헤라, 코르크와 실리콘의 배합을 위한 진자저울, 페트병 등 경험을 통해 본인에게 맞는 재료와 도구를 선택한다.

지주는 조금 길게

㈜대성나무병원 김태기

지주는 나무가 기울어지거나, 부후로 부러지거나, 쓰러질 위험이 있을 때 지지 기능을 더하기 위한 보조 장치다. 최근에는 안전시설이라는 이름으로 쓰이는데, 나무의 수명을 지속하기 위한 보조 안전장치로 볼 수 있다.

지주는 설치할 가지나 줄기부터 지표면까지 연결하는 시설이기에 길이가 중요하다. 설치할 위치를 잘못 설정하면 길이가 길거나 짧아져 현장에서 설치하는 데 어려움이 있다. 그나마 긴 경우 길이에 맞게 자르면 되지만, 철재는 시간이 오래 걸려 작업 효율성을 떨어뜨린다. 반대로 짧으면 지주를 설치할 수 없어 다시 제작해야 하는 번거로움이 있다.

지주의 길이는 지표면까지 길이라고 생각하지만, 기초 길이를 포함해서 제작해야 한다. 예를 들어 설치할 가지와 지표면의 길이가 3m라면 지주는 3.3m 이상 준비한다. 외부로 노출되는 길이는 물론 기초에 포함되는 길이가 있기 때문이다. 지주는 상부의 힘을 지지할 힘을 하부(토양)에서 잡아줘야 한다. 하부에서 잡아주는 힘은 주로 기초에서 나와 기초가 넓고 길수록 유리하지만, 뿌리가 많은 나무 주변에서는 넓고 깊게 팔 수 없다. 기초 크기는 하중을 고려해 30×30×30cm 이내로 한다. 가지의 하중이나 길이 등을 고려하여 20×20×20cm도 가능하지만, 여건을 고려하여 결정한다.

지주의 기본은 수직 설치다. 기울어지게 설치하면 힘이 분산될 수 있으니 지양한다. 그렇다면 높은 곳에 있는 가지부터 지표면까지 지주의 길이를 어떻게 측정할까?

과거에는 긴 장대를 이용해 설치 위치에서 직접 측정했고, 그보다 높은 경우 설치할 줄기의 높이까지 직접 올라가 줄자를 늘어뜨렸다. 하지만 최근에는 레이저 거리측정기를 활용한다. 설치할 가지의 위치 아래쪽으로 거리측정기를 놓고 레이저로 설치 위치를 찍으면 수직거리가 측정된다. 거리측정기를 활용하면 설치할 위치도 함께 정해져 설치 후 각도가 기울어지는 것을 예방할 수 있다.

레이저 거리측정기는 인터넷 쇼핑몰에서 판매하며, 레이저의 포인트가 굵은 것이 가시성이 높아 작업에 유리하다. 레이저 거리측정기를 활용하면 설치 위치와 지주 길이의 정확성을 높일 수 있어 작업의 효율성을 높일 수 있다.

지주의 길이는 직접 측정하지만, 레이저 거리측정기를 활용하면 정확도와 편리성이 높다.

레이저 거리측정기

공정은 같아도
재료는 달라요

㈜월송나무병원 권혁민

　나무의사는 수목의 피해에 진단과 처방, 예방과 치료를 수행하는 전문가로, 경력과 경험 없이 시작하는 초보자에게는 어려운 일이 많다. 수목의 피해를 진단·처방하려면 현장 경험과 피해 진단에 따른 작업 과정을 알아야 한다.

　현장에서 가장 중요한 것은 무엇일까? 값비싼 장비? 시공자의 능력? 효율적인 동선? 시공자가 가야 할 곳의 현장 설계도서를 충분히 숙지하고 작업 준비물 챙기기가 가장 중요하다고 본다.

　설계도서에는 시방서, 도면, 내역서, 원가 계산서, 설계 설명서, 표준 품셈표, 일위대가표, 비교 견적 등 여러 가지 사항이 있지만, 현장에서 필요한 것은 대부분 일위대가표와 사진대지나 도면에 있다.

일위대가표는 어떤 일을 한 단위로 만들어 비용(대가)을 계산하는 것이다. 각 공정과 들어가는 재료 수량, 비용이 모두 들어 있다. 도면이나 사진대지는 시공 위치, 면적 등을 파악하는 데 도움이 된다.

현장에 가기 전에 두 가지를 파악해야 한다. 첫째, 작업 공정. 둘째, 작업 재료와 장비 준비다.

나무병원에서 작업 공정은 가지치기, 외과수술, 지주설치, 줄당김 등이 대부분이다. 예를 들어 설계도서에 외과수술이라는 공정이 있다면 사진대지나 도면을 통해 수술 위치와 면적을 파악하고, 인공수피 필요 여부에 따라 준비물이 달라질 수 있기 때문이다. 인공 수피가 필요하면 갈색·검은색 코르크, 실리콘, 실리콘 건, 헤라를 준비해야 한다. 일위대가표를 보고 확인해야 현장에서 작업 도구가 없어 낭패를 보는 일이 없다.

예를 들어 줄당김에는 스테인리스 와이어, U 볼트 등이 대표적으로 들어간다. 설계도서를 꼼꼼히 확인해 와이어 두께, U 볼트 크기를 확인한다. 재료가 있어도 규격이 맞지 않으면 일을 진행할 수 없기 때문이다. 심한 경우 규격 차이로 준공검사에서 문제가 되어 다시 시행해야 하는 일도 있다.

병해충 방제 시 일화가 있다. 이팝나무 녹병을 방제하러 가는데, 약제가 헥사코나졸이라는 것을 확인하고도 작업하지 못했다. 설계도서에는 헥사코나졸 2% 약제를 사용하라고 명시됐는데 준비한 헥사코나졸은 10%였다. 성분이 같아도 함량이 다르면 약해의 우려가 있기에 반드시 구분해야 한다. 현장에서 구해도 되지만, 작업이 지연되거나 도심이 아닌 곳에서는 자재를 구하기 힘들어서 사전에 준비가 필요하다. 시간 낭비를 막고, 좀 더 정확하고 확실한 예방과 치료를 위해 재료는 꼭 확인해야 한다.

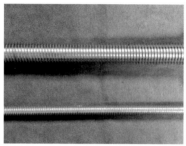

강관 굵기에 따라 부속 재료 크기가 다르다.
특히 드릴 비트의 굵기가 결정된다.

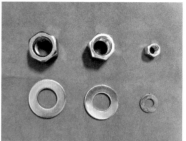

강관 굵기에 따라 너트와 와셔가 다르다.

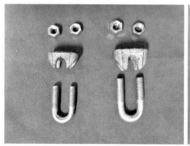

와이어 굵기에 따라 U 볼트 규격이 다르다.

강관 굵기에 따라 고리의 크기가 다르다.

나무주사 제대로 하기

㈜청솔나무병원 김성환

　나무의사로서 수목 진료 업무를 하다 보면 수목의 피해 상태나 생육 환경에 따라 다양한 진단과 처방을 내리게 된다. 수목의 잎과 뿌리가 제 역할을 못 해 일반적인 토양 시비 작업으로 양분을 흡수할 수 없는 경우, 병해충이 발생해 약제를 살포해야 하는 상황에서 살포 작업으로 약제가 흩날려 피해를 볼 가능성이 큰 식재 환경(유동 인구가 많은 도심지, 수원지, 가로수 등)이 확인될 때는 나무주사를 통한 수목 활력도 회복과 병해충 치료·예방을 위한 약제 처방을 내린다.

　나무의사가 직접 나무주사를 시공하거나, 수목 치료 기술자를 비롯한 실무자가 시공하는 상황에 작업 지시를 내리는 경우도 나무주사를 제대로 처리해 효과를 보기 위해서는 장비를 철저히 준비해야 한다. 나무주사 처리를 위한 기본 장비로 전동 드릴과 드릴 비트(드릴 날), 주입병(주입 용기나 나무주사제 완제품), 보조 장비로 디지털 캘리퍼와 약제 주입기 등이 필요하다. 시중에서 장비를 구입할 수 있는 경로가 다양하므로(온라인 쇼핑몰 포함) 나무주사 작업을 시행하는 현장의 작업 요건을 참작하고, 본인의 수준과 여건에 알맞은 장비를 선택한다. 각 장비를 준비하는 과정에서 고려할 사항은 다음과 같다.

(1) 전동 드릴 : 사용 목적에 따라 다양한 제품이 있다. 원활한 나무주사 시공을 위해서는 일정 수치 이상 출력과 지속력을 보장하는 제품을 선택하는 것이 바람직하다. 제원을 확인할 때는 전동 드릴 본체나 배터리에 기재된 전압(V)과 시간당 전류 송출량(Ah)을 참고한다. 나무주사 시공에 필요한 전동 드릴의 적정 제원은 별도로 정해지지 않았지만, 필지의 경험으로는 '18V, 5Ah' 수준이면 어려움 없이 나무주사 시공을 진행할 수 있다.

전동 드릴 제품(18V, 5Ah)

출력량 표시(붉은색 원)

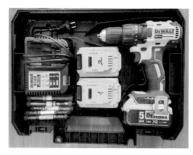

전동 드릴 세트 구성품

　전동 드릴 사양이 높을수록 작업을 수월하게 진행할 수 있으나, 사양이 높은 제품은 일반적인 제품에 비해 상대적으로 크고 무겁다. 나무주사 시공자의 성향과 시공 대상, 현장 환경 등을 고려해 알맞은 전동 드릴을 선택한다. '14V, 2Ah' 이상 제원을 보장해야 나무주사를 무난하게 시공할 수 있다.

　전동 드릴은 브랜드와 제원, 부속품과 구성 상품, 구매 방식(온라인, 오프라인) 등 가격을 결정하는 요소가 다양하므로 구매할 때 이 점을 고려해야 한다. 온라인과 오프라인 구매 방식에도 장단점이 있으니 아래 표를 참조한다.

제품 구입처별 장단점

구매 방식	온라인	오프라인
장점	제품군이 다양하며, 값이 오프라인보다 상대적으로 저렴함.	제품을 직접 확인할 수 있으며, 경우에 따라 사용 후 구입 여부 결정 가능함. 구입처에서 수리를 전담하는 경우가 많으므로, 장비의 사후 관리를 비교할 때 온라인보다 편리함.

구매 방식	온라인	오프라인
단점	제품의 제원을 확인할 수는 있지만 직접 사용해보기 어려움. 기능 고장 같은 문제가 발생했을 때 A/S를 전담할 주체가 모호함.	구매처에 따라 구매할 수 있는 제품군, 모델에 편차가 있음. 대다수 제품이 온라인보다 다소 비쌈.

(2) 드릴 비트(드릴 날) : 전동 드릴에 체결해 구멍을 뚫을 때 사용하는 드릴 비트는 '목공용 드릴 비트(이하 목공용)'와 '공업용 드릴 비트(이하 공업용)'로 나뉜다. 목공용은 공업용과 비교할 때 앞부분이 뾰족하게 돌출해 구멍 뚫을 위치를 고정하기 쉽고, 상대적으로 길어 천공이 수월하고 빠른 장점이 있으니 가능하면 목공용을 준비한다.

드릴 비트는 나무주사 작업에 사용하는 주입병이나 나무줄기 주사제의 주입구 지름에 맞아야 한다. 정확한 규격 드릴 비트로 나무줄기를 뚫지 않으면 아래와 같은 문제가 발생한다.

• 드릴 비트가 큰 경우 : 나무주사제를 처리하고도 구멍에 틈이 남아 유격이 생기며, 그 부분으로 나무주사제가 누출된다.

• 드릴 비트가 작은 경우 : 구멍이 좁아서 나무주사제(주입병)가 제대로 삽입되지 않거나, 억지로 삽입하면 구멍 주변 형성층에 상처가 남고 제대로 고정되지 않는다.

나무주사를 시공하는 주사제 지름에 맞는 드릴 비트를 넉넉히 준비한다(작업 중 파손, 오염, 분실 대비). 드릴 비트 규격은 드릴 비트 상자나 본체 하단에 음각으로 표시돼 있다.

목공용 드릴 비트   목공용 드릴 비트와   드릴 비트 규격 표시(본체 음각)
공업용 드릴 비트 비교

(3) 주입병(주입 용기나 나무주사제 완제품) : 나무주사제 투입을 위한 주입병(주입 용기)은 원형과 반원형이 있다. 해당 용기를 천공부에 삽입하고 약제 주입기를 이용해 수목 내부에 주입한다.

나무주사제 완제품은 압력식과 중력식이 있다. 병해충 예방을 위한 살충제는 내부에 포함된 약제량이 5ml(압력식)나 10ml 제품이 대부분이다. 수목 영양제는 5ml, 125ml, 250ml, 500ml 등 다양한 용량이 있다.

주입병은 공산품이 대부분이므로, 주입병에 알맞은 드릴 비트 규격이 기재된 경우가 많다. 해당 규격을 준수해 나무주사를 시공할 것을 권장한다. 디지털 캘리퍼 같은 장비로 주입구 규격을 측정한 뒤 알맞은 드릴 비트를 이용해 천공 작업을 진행한다.

| 주입병(반원형) | 주입기를 통한 약제 주입 | 나무주사제 기성 제품 |

(4) 기타 장비 : 디지털 캘리퍼를 이용하면 시공할 나무주사제 주입구의 지름을 편리하게 확인할 수 있다. 값은 1만~2만 원 내외로, 온라인 쇼핑몰이나 인근 철물점에서 판매한다.

주입병을 이용하는 나무주사 시공에는 약제 주입기도 필요하다. 주입병마다 약제를 사용자가 설정한 용량(1회 주입량 3ml, 4ml, 5ml로 설정 가능)만큼 주입하는 기능이 있다. 전용 약제 용기에 포장된 제품에 연결해 사용하며, 사용자의 편의를 위해 약제 배낭에 수납해 나무주사 시공 작업을 진행한다. 조경 자재를 취급하는 자재상이나 제조사(신일사이언스)에서 약제 주입기 6만~7만 원, 약제 배낭 2만~3만 원 선에 판매한다.

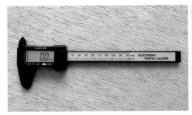

| 디지털 캘리퍼 본체 | 디지털 캘리퍼 지름 측정 |

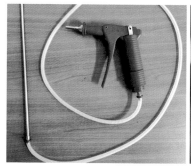

약제 주입기 제품

주입량 조절 다이얼

약제 용기에 체결한 상태

나무주사제 시공 작업

이처럼 나무주사 시공을 위한 장비를 준비하는 데 고려할 사항이 여러 가지다. 반드시 지켜야 할 부분도 있지만, 시공자의 성향과 나무주사 현장의 작업 환경에 따라 적합한 장비를 선택할 상황도 발생한다. 여러 요인을 종합적으로 판단해 효율적이고 정확한 나무주사 시공 작업이 되도록 장비 준비에 만전을 기하자.

나무주사 약량 지킴이

㈜월송나무병원 허태민

　나무주사란 나무줄기에 구멍을 뚫고 치료나 예방을 목적으로 하는 약액을 직접 넣는 작업이다. 한 번 주입으로 일정 기간 지속적인 예방·방제 효과를 볼 수 있어 사용이 점차 늘어나는 추세다. 살포식 방제보다 시공 작업이 간편하고, 민원 발생이 적기 때문이다. 나무주사를 시공할 때 가장 중요한 사항은 뭘까?

　나무주사 효과를 기대하기 위해서는 정확한 약량을 주입해야 한다. 기준보다 많은 양을 주입하면 약해가 발생할 수 있고, 반대로 부족하면 방제 효과가 떨어질 수 있기 때문이다.

　압력식 나무주사는 주입공을 뚫고 주입기를 삽입한 다음 고무망치로 뒷부분을 두들겨 주입기 내부의 차단막이 파열되면서 약액이 주입되도록 한다. 구멍 길이가 짧거나 압력이 약하면 약액이 주입기에 남는 경우가 있다. 약액이 남은 주입기를 뽑을 때, 압력으로 뽑는 순간 약액이 분출해 얼굴에 묻기도 하는데 눈에 들어가면 문제가 심각해질 수 있다. 오른손으로 주입기를 돌리면서 뽑고, 왼손은 구멍 부위를 막아 혹시 모를 약제 분사를 예방한다. 주입이 완료된 주입기는 잡은 상태에서 지그시 누르고 좌우로 살짝 돌리며 뽑으면 쉽게 빠진다.

약제 용기에 체결한 상태

중력식 나무주사는 일반적으로 주입병을 사용한다. 주입병의 바깥지름은 5mm와 10mm로 나뉜다. 주입병 바깥지름과 드릴 비트 굵기가 다르면 끼워지지 않거나 헐거워 약액이 새므로 같은 굵기를 사용한다.

주입병에는 약액을 일정량 주입해야 하는데, 많은 나무를 방제할 때는 수간 주입기를 사용한다. 수간 주입기는 한 번 방아쇠를 당기면 설정한 약액이 분사되는 장비다. 방아쇠를 당길 때마다 같은 양이 분사돼야 하므로, 작업을 시작하기 전에 눈금실린더나 주사기를 이용해 분사되는 약량을 확인한다. 수간 주입기는 방아쇠를 한 번 당긴 뒤 시간이 지나야 주입기에 약액이 완전히 충전돼 정량이 분사된다. 짧은 시간에 연속적으로 방아쇠를 당기면 약액이 충전되지 않아 적은 양이 주입될 수 있다.

이런 실수를 하지 않으려면 방아쇠를 서서히 당기고, 약액이 주입기에 충분히 충전됐을 때 다시 방아쇠를 당겨야 한다. 약액 주입량 차이로 방제 효과가 떨어질 수 있으니 신경 써야 한다. 단순히 약액을 주입하는 데서 그치지 않고 정확한 양을 주입해야 원하는 예방·치료 효과가 나타난다.

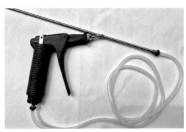
나무줄기 주입기

나무줄기 주입기를 돌려 약액 양을 설정할 수 있다.

주입기를 완전히 당긴 상태

주입기를 완전히 놓은 상태

나무병원 직무 능력 검정표

나무병원 직무 능력 검정표[1]

직위 :
이름 :
특이 사항 :

평가 영역		평가 문항	매우 미흡	미흡	보통	우수	매우 우수
의사 소통 능력	1	업무를 수행함에 있어 다른 사람이 작성한 글을 읽고 그 내용을 이해할 수 있다.	①	②	③	④	⑤
	2	업무를 수행함에 있어 자기가 뜻한 바를 글로 나타낼 수 있다.	①	②	③	④	⑤
	3	업무를 수행함에 있어 다른 사람의 말을 듣고 그 내용을 이해할 수 있다.	①	②	③	④	⑤
	4	업무를 수행함에 있어 자기가 뜻한 바를 말로 표현해 설득할 수 있다.	①	②	③	④	⑤
수리 능력	5	업무를 수행함에 있어 필요한 기초 수준의 백분율, 평균, 확률과 같은 통계를 이해하고 분석해 활용할 수 있다.	①	②	③	④	⑤
	6	업무를 수행함에 있어 필요한 도표(그림, 표, 그래프 등)를 이해하고 분석해 활용할 수 있다.	①	②	③	④	⑤
	7	업무를 수행함에 있어 필요한 도표(그림, 표, 그래프 등)를 컴퓨터 프로그램을 활용해 작성할 수 있다.	①	②	③	④	⑤
문제 해결 능력	8	업무와 관련된 문제를 인식하고 해결함에 있어 창조적·논리적·비판적으로 생각한 내용을 이해시킬 수 있다(사고력).	①	②	③	④	⑤
	9	업무와 관련된 문제의 특성을 파악하고, 대안을 제시·적용하고 그 결과를 평가해 피드백할 수 있다.	①	②	③	④	⑤
자기 개발 능력	10	업무에 필요한 자질을 채우기 위해 자신을 관리할 수 있다.	①	②	③	④	⑤
	11	자기 개발을 위해 지속적인 학습 동기를 부여할 수 있다.	①	②	③	④	⑤
	12	업무에 필요한 능력이 무엇인지 파악하고 필여한 능력을 개발할 방법을 찾을 수 있다.	①	②	③	④	⑤

자원 관리 능력	13	업무 수행에 필요한 자본 자원을 산출하고, 이용 가능한 자본 자원을 최소한 수집해 실제 업무에 어떻게 사용할지 계획하고 할당할 수 있다.	①	②	③	④	⑤
	14	업무 수행에 필요한 인적자원을 산출하고, 이용 가능한 인적자원을 확보·활용해 실제 업무에 어떻게 운용할지 계획하고 할당할 수 있다.	①	②	③	④	⑤
대인 관계 능력	15	업무를 수행함에 있어 강압적이지 않은 분위기로 다른 사람을 이끌면서 수행할 수 있다.	①	②	③	④	⑤
	16	업무를 수행함에 있어 관련된 사람들 사이에 갈등이 발생할 경우 이를 원만히 조정할 수 있다.	①	②	③	④	⑤
	17	업무를 수행함에 있어 무리한 요구에 대해 갈등이 발생하지 않도록 원만히 설득하거나 조정할 수 있다.	①	②	③	④	⑤
정보 능력	18	업무와 관련된 정보를 수집·분석·조직·관리· 활용함에 있어 다양한 컴퓨터 프로그램을 사용할 수 있다.	①	②	③	④	⑤
	19	업무와 관련된 최신 자료를 수집할 검색 능력이 있다.	①	②	③	④	⑤
	20	업무와 관련된 정보를 수집·분석하는 데 필요한 최소한의 외국어 능력을 갖출 수 있다.	①	②	③	④	⑤
	21	업무와 관련된 정보를 수집하기 위한 인적 네트워크를 확보할 수 있다.	①	②	③	④	⑤
직업 윤리	22	업무에 대한 자부심과 사명감을 바탕으로 근면하고 성실하고 정직하게 임한다.	①	②	③	④	⑤
	23	업무에 대한 자부심과 사명감을 바탕으로 봉사하고, 규칙을 준수하며, 책임 있고 예의 바른 태도로 임한다.	①	②	③	④	⑤
	24	업무 중 발생하는 불합리한 요구에 적절한 대응 능력을 갖출 수 있다.	①	②	③	④	⑤
신체 건강성	25	업무를 수행할 기본 체력을 유지할 수 있다.	①	②	③	④	⑤
	26	업무를 수행함에 있어 외부 활동에 대한 적응력을 기를 수 있다.	①	②	③	④	⑤
	27	신체 건강성을 유지하도록 스스로 관리할 수 있다.	①	②	③	④	⑤

1) 출처 : 2014 국가 직무 능력 표준(세분류 : 산림보호) 표준 및 활용 패키지 응용 적용

평가 영역		평가 문항	매우 미흡	미흡	보통	우수	매우 우수
공통 업무	1	필요한 차량의 운전을 할 수 있다(자동/수동, 승용/화물).	①	②	③	④	⑤
	2	필요한 단순 노무 인력을 현지에서 섭외할 수 있다.	①	②	③	④	⑤
	3	단순 노무 인력을 업무에 맞게 감독, 지시할 수 있다.	①	②	③	④	⑤
	4	필요한 (중)장비를 현지에서 섭외해 운용할 수 있다.	①	②	③	④	⑤
	5	필요한 자재를 현지에서 빠르게 구입할 수 있다.	①	②	③	④	⑤
	6	현장에 맞는 작업 일지를 작성하고 정리할 수 있다.	①	②	③	④	⑤
	7	컴퓨터, 프린터, 팩스 등 전자 기기를 다룰 수 있다.	①	②	③	④	⑤
	8	민원인에 적절히 대응할 수 있다.	①	②	③	④	⑤
	9	업무 담당자에게 현장 상황을 보고할 수 있다.	①	②	③	④	⑤
	10	공정을 이해하고 순서에 따라 작업 사진을 촬영할 수 있다.	①	②	③	④	⑤
	11	설계서를 보고 작업 내용을 숙지해 다음 공정을 준비할 수 있다.	①	②	③	④	⑤
	12	설계서를 보고 필요한 장비, 자재를 숙지할 수 있다.	①	②	③	④	⑤
	13	설계서를 보고 필요한 장비, 자재를 숙지할 수 있다.	①	②	③	④	⑤
예산 산정	14	물가 자료 등을 토대로 자재 조서를 작성할 수 있다.	①	②	③	④	⑤
	15	필요한 공정에 대한 일위대가를 작성할 수 있다.	①	②	③	④	⑤
	16	도면이나 조사 항목, 산출식에 따라 산출 근거를 계산할 수 있다.	①	②	③	④	⑤

	17	필요한 사진을 적정 항목에 삽입할 수 있다.	①	②	③	④	⑤
	18	작업 공정에 맞춰 캐드 도면을 작성하거나 수정할 수 있다.	①	②	③	④	⑤
	19	작업 공정에 맞춰 포토샵 등을 작성하거나 수정할 수 있다.	①	②	③	④	⑤
	20	작업 공정에 맞춰 엑셀 등을 활용해 내역서를 작성하거나 수정할 수 있다.	①	②	③	④	⑤
	21	업종별로 구분하여 원가 계산서를 작성할 수 있다.	①	②	③	④	⑤
	22	한글 등의 프로그램으로 일반 시방서를 작성할 수 있다.	①	②	③	④	⑤
	23	필요한 특별 시방서를 작업 공정에 맞춰 작성할 수 있다.	①	②	③	④	⑤
	24	필요한 설계 설명서를 양식에 맞춰 작성할 수 있다.	①	②	③	④	⑤
예산 산정	25	공사 예정 공정표를 작업 적기에 맞춰 작성할 수 있다.	①	②	③	④	⑤
	26	간접 공사비(제비율)표를 찾아 업종에 맞게 적용할 수 있다.	①	②	③	④	⑥
	27	종전에 없는 공정은 유사한 품셈을 찾아 응용·작성할 수 있다.	①	②	③	④	⑤
	28	작업에 필요한 자재에 대한 견적서를 받을 수 있다.	①	②	③	④	⑤
	29	작업에 필요한 견적서를 작성할 수 있다.	①	②	③	④	⑤
	30	설계도서를 목차에 맞게 완성한 후 제본할 수 있다.	①	②	③	④	⑤
	31	작업 내용을 충분히 인지하고 그에 맞는 설계를 협의할 수 있다.	①	②	③	④	⑤
	32	업종에 맞게 보험, 경비 등 관련 사항 신고를 할 수 있다.	①	②	③	④	⑤
	33	업종에 맞게 안전 관리비를 확인하고 신고하고 서류를 작성할 수 있다.	①	②	③	④	⑤

평가 영역		평가 문항	매우 미흡	미흡	보통	우수	매우 우수
예산 산정	34	폐기물 관련 신고를 하고 확인증을 발급받을 수 있다	①	②	③	④	⑤
	35	작업 공정에 맞게 준공 사진첩을 완성할 수 있다.	①	②	③	④	⑤
	36	발주처에서 요구하는 제출 보고서를 양식에 맞춰 작성할 수 있다.	①	②	③	④	⑤
	37	계약 일정에 맞춰 착공계를 작성하고 제출할 수 있다.	①	②	③	④	⑤
	38	계약 일정에 맞춰 준공계를 작성하고 제출할 수 있다.	①	②	③	④	⑤
	39	청구서를 작성하고 제출할 수 있다.	①	②	③	④	⑤
	40	계약 관련 업무를 서류상·전산상으로 진행할 수 있다.	①	②	③	④	⑤
	41	지급 항목을 종합해 급여를 산정할 수 있다.	①	②	③	④	⑤
	42	세무 관련 서류를 준비하고 정리할 수 있다.	①	②	③	④	⑤
	43	출근 관련 업무를 정리해 보고할 수 있다.	①	②	③	④	⑤
예찰	44	예찰(사전 진단)의 대상 등을 파악할 수 있다.	①	②	③	④	⑤
	45	예찰(사전 진단)의 범위 등을 파악할 수 있다.	①	②	③	④	⑤
	46	예찰(사전 진단)의 시기 등을 파악할 수 있다.	①	②	③	④	⑤
	47	예찰(사전 진단)에 필요한 장비를 준비할 수 있다.	①	②	③	④	⑤
	48	예찰(사전 진단)의 목적에 맞는 진단을 할 수 있다.	①	②	③	④	⑤
	49	예찰(사전 진단) 결과 분석을 정성적·정략적 자료로 만들 수 있다.	①	②	③	④	⑤
	50	찰예찰 결과를 토대로 필요한 조치 사항을 관련 서식에 맞게 작성할 수 있다.	①	②	③	④	⑤

진단							
	51	진료 의뢰자의 의뢰 목적을 이해하고 그에 맞는 진료를 할 수 있다.	①	②	③	④	⑤
	52	다양한 정보와 장비를 이용하여 대상목을 찾을 수 있다.	①	②	③	④	⑤
	53	대상목의 정상적인 모습과 비정상적 모습을 구분할 수 있다.	①	②	③	④	⑤
	54	대상지의 입지 조건 변화 등을 탐문하면서 조사할 수 있다.	①	②	③	④	⑤
	55	대상목의 높이, 가슴높이 지름, 수관 폭 등을 측정할 수 있다.	①	②	③	④	⑤
	56	대상목의 수종을 구별할 수 있다.	①	②	③	④	⑤
	57	대상목의 잎의 크기를 측정하고 분석할 수 있다.	①	②	③	④	⑤
	58	다양하게 발생한 상처의 크기를 측정할 수 있다.	①	②	③	④	⑤
	59	대상목의 수령을 대략 측정할 수 있다.	①	②	③	④	⑤
진단	60	생물적 피해와 비생물적 피해를 구분할 수 있다.	①	②	③	④	⑤
	61	피해 증상이나 보이는 해충을 근거로 해충을 동정할 수 있다.	①	②	③	④	⑤
	62	피해 증상이나 병원체의 동정으로 병명을 학정할 수 있다.	①	②	③	④	⑤
	63	피해 증상이나 주변 환경 등을 토대로 인위적 피해의 원인을 파악할 수 있다.	①	②	③	④	⑤
	64	피해 증상이나 주변 환경 등을 토대로 기후적 피해의 원인을 파악할 수 있다.	①	②	③	④	⑤
	65	피해 증상이나 주변 환경 등을 토대로 생물적 피해의 원인을 파악할 수 있다.	①	②	③	④	⑤
	66	피해 정도(면적, 빈도, 밀도 등)를 측정할 수 있다.	①	②	③	④	⑤
	67	진단에 필요한 장비가 무엇인지 파악하고 준비할 수 있다.	①	②	③	④	⑤
	68	진단에 필요한 장비를 사용법에 맞춰 사용할 수 있다.	①	②	③	④	⑤

평가 영역		평가 문항	매우 미흡	미흡	보통	우수	매우 우수
진단	69	작업로, 운반로 등 이동 경로를 사전에 계획할 수 있다.	①	②	③	④	⑤
	70	토양 분석용 시료를 채취하여 의뢰할 수 있다.	①	②	③	④	⑤
	71	고사지 유무를 파악하여 생존 여부를 확인할 수 있다.	①	②	③	④	⑤
	72	진단한 내용을 종합적으로 분석해 진단과 처방에 활용할 수 있다.	①	②	③	④	⑤
처방	73	치료 대상의 범위(단목, 숲 등)를 결정할 수 있다.	①	②	③	④	⑤
	74	피해 수준에 따라 치료 여부를 결정할 수 있다.	①	②	③	④	⑤
	75	치료 방법별 장단점을 파악하고, 적합한 치료 방법을 결정할 수 있다.	①	②	③	④	⑤
	76	피해 수준에 따라 치료 방법을 결정할 수 있다.	①	②	③	④	⑤
	77	피해 수준에 따라 치료 시기를 결정할 수 있다.	①	②	③	④	⑤
	78	치료 방법에 필요한 작업 여건을 파악해 적용할 수 있다.	①	②	③	④	⑤
	79	치료 효과가 있는 약제와 자재를 결정할 수 있다.	①	②	③	④	⑤
	80	치료에 필요한 약제량과 횟수를 산출할 수 있다.	①	②	③	④	⑤
	81	치료와 관련된 약제의 취급 요령을 기술할 수 있다.	①	②	③	④	⑤
	82	치료와 관련된 약제의 안전 관리 사항을 기술할 수 있다.	①	②	③	④	⑤
	83	치료 방법을 의뢰자가 이해하기 쉽게 작성할 수 있다.	①	②	③	④	⑤

안전 관리	84	작업 현장에 필요한 안전 관련 법규를 파악하고 있다.	①	②	③	④	⑤
	85	관련 법규에 따른 안전 교육 계획을 수립할 수 있다.	①	②	③	④	⑤
	86	안전사고에 대한 보고 체계 계획을 수립할 수 있다.	①	②	③	④	⑤
	87	안전사고에 대한 조치 계획을 수립할 수 있다.	①	②	③	④	⑤
	88	작업원과 작업장 출입자를 위한 안전 장비 조달 계획을 수립할 수 있다.	①	②	③	④	⑤
	89	산재보험 등 관련 보험의 종류를 파악하고 가입할 수 있다.	①	②	③	④	⑤
	90	약제 사용에 따른 농작물의 피해가 없도록 사전에 안전 조치를 계획할 수 있다.	①	②	③	④	⑤
	91	작업 전 주의 사항을 관할 행정기관과 지역민에게 안내할 수 있다.	①	②	③	④	⑤
	92	작업 시 발생하는 폐자재 수거 방법을 계획할 수 있다.	①	②	③	④	⑤
	93	치료 유형별 필요한 인력 수급 일정을 계획할 수 있다.	①	②	③	④	⑤
	94	치료에 필요한 자재 수급 일정을 계획할 수 있다.	①	②	③	④	⑤
	95	기상 조건을 감안하여 작업 일정을 수립할 수 있다.	①	②	③	④	⑤
방제 (약제 살포)	96	처방전에 제시된 작물 보호제를 성분에 따라 구별할 수 있다.	①	②	③	④	⑤
	97	예방이나 피해를 막기 위한 대상목의 집중 살포 부위를 알 수 있다.	①	②	③	④	⑤
	98	안전 관리 지침에 따라 필요한 인력을 확보할 수 있다.	①	②	③	④	⑤
	99	작업에 필요한 안전 장비와 보호 장비를 알고, 사전에 갖출 수 있다.	①	②	③	④	⑤
	100	작업장 근거리에 용수가 가능한 공급처를 사전에 확보할 수 있다.	①	②	③	④	⑤

평가 영역		평가 문항	매우 미흡	미흡	보통	우수	매우 우수
방제 (약제 살포) 처방	101	작물 보호제를 지침서에 맞게 정확한 배율로 희석할 수 있다.	①	②	③	④	⑤
	102	작업 전 대상지의 위치 특성과 동선을 파악해 민원 발생 요인을 최소화할 수 있다.	①	②	③	④	⑤
	103	방제 시 안전 관리를 위해 사람과 차량의 통행을 통제할 수 있다.	①	②	③	④	⑤
	104	약제 살포가 끝나고 작업 현장에 필요한 안전 조치를 취할 수 있다.	①	②	③	④	⑤
	105	사용한 작물 보호제 빈병을 안전하게 처리할 수 있다.	①	②	③	④	⑤
	106	사용한 노즐과 분사기를 안전하게 정비할 수 있다.	①	②	③	④	⑤
	107	작업 전에 동력 분무기 등 장비를 정비할 수 있다.	①	②	③	④	⑤
	108	방제에 필요한 장비의 종류와 작동법을 숙지하고 있다.	①	②	③	④	⑤
	109	장비에 필요한 오일의 종류를 구분해 사전에 구비할 수 있다.	①	②	③	④	⑤
	110	작물 보호제가 가라앉지 않도록 처리할 수 있다.	①	②	③	④	⑤
	111	고소 작업 차 등을 이용해 살포할 때 노즐을 고정할 수 있다.	①	②	③	④	⑤
	112	작업 종료 후 노출된 신체를 씻을 수 있도록 조치할 수 있다.	①	②	③	④	⑤
위험목, 위험지 제거	113	대상목과 대상지의 위험도, 제거 필요성을 결정할 수 있다.	①	②	③	④	⑤
	114	대상목의 생리적 특성 등을 고려해 작업 시기를 결정할 수 있다.	①	②	③	④	⑤
	115	가지의 굵기, 위치, 주변 환경 등을 고려해 작업 방법을 결정할 수 있다.	①	②	③	④	⑤

	116	작업 후 상처 부위와 크기에 맞는 처치를 할 수 있다.	①	②	③	④	⑤
	117	작업 내용과 주변 현황 등을 고려해 규모에 맞는 장비를 섭외할 수 있다.	①	②	③	④	⑤
	118	다양한 기계톱을 안전하게 사용할 수 있다.	①	②	③	④	⑤
	119	기계톱 기본 정비를 할 수 있다.	①	②	③	④	⑤
위험목, 위험지 제거	120	작업의 효율성과 안정성을 고려해 대상목의 작업 우선순위를 결정할 수 있다.	①	②	③	④	⑤
	121	작업의 안전을 위해 사람과 차량 통제 방법을 사전에 계획할 수 있다.	①	②	③	④	⑤
	122	작업 중 발생한 잔재의 처리 방법을 사전에 계획할 수 있다.	①	②	③	④	⑤
	123	예초기를 사용법에 맞게 안전히 사용할 수 있다.	①	②	③	④	⑤
	124	예초기 기본 정비를 할 수 있다.	①	②	③	④	⑤
	125	대나무를 안전하게 자를 수 있다.	①	②	③	④	⑤
	126	목재류 파쇄를 진행할 수 있다.	①	②	③	④	⑤
수목 외과 수술	127	외과수술을 시행할 때 효과성에 대한 가치판단을 할 수 있다.	①	②	③	④	⑤
	128	수술이 필요한 피해 면적과 부피를 측정하고 계산할 수 있다.	①	②	③	④	⑤
	129	피해 정도에 따라 최종적으로 마칠 공정은 어디까지인지 결정할 수 있다.	①	②	③	④	⑤
	130	외과수술에 사용하는 재료와 장비의 명칭을 모두 파악하고 있다.	①	②	③	④	⑤
	131	외과수술 재료와 장비의 사용 목적을 이해하고 준비할 수 있다.	①	②	③	④	⑤
	132	대상목의 부후부를 제거할 효율적인 장비를 결정할 수 있다.	①	②	③	④	⑤
	133	부후부 제거 시 유합조직을 보호하고, 불가피하게 발생한 상처를 처치할 수 있다.	①	②	③	④	⑤

평가 영역		평가 문항	매우 미흡	미흡	보통	우수	매우 우수
수목 외과 수술	134	보호 처리제의 종류를 이해하고, 대상목에 알맞은 제품을 선택할 수 있다.	①	②	③	④	⑤
	135	살균제와 살충제, 방부제를 사용 비율에 맞춰 용기에 혼합하거나 주입할 수 있다.	①	②	③	④	⑤
	136	살균·살충·방부·방수 처리 시 효과를 높일 처리법(분무, 도포 등)을 선택할 수 있다.	①	②	③	④	⑤
	137	상처 부위에 살균제와 살충제, 방부제를 처리할 때 살아 있는 조직의 손상을 최소화하면서 처리할 방법을 알고 있다.	①	②	③	④	⑤
	138	살균·살충·방부·방수 처리를 하고, 적절한 목재 함수율을 파악하며, 처리 시간 조절을 위해 사용할 장비를 선택 후 후속 작업을 시행할 수 있다.	①	②	③	④	⑤
	139	사용 목적에 맞는 공동 충전재의 종류를 결정하고, 혼합·처리할 수 있다.	①	②	③	④	⑤
	140	공동을 충전하고, 수목생리학적 기준에 맞춰 외부 성형을 할 수 있다.	①	②	③	④	⑤
	141	에폰스나 실란트, 코르크의 계절별 혼합 비율을 알고, 조제(혼합)할 수 있다.	①	②	③	④	⑤
	142	손 축적법으로 인공 수피를 처리하고, 수목생리학적 기준에 맞춰 외부 성형을 할 수 있다.	①	②	③	④	⑤
	143	현지 여건에 맞춰 열화 현상에 대비하기 위한 조치를 할 수 있다.	①	②	③	④	⑤
	144	종전 처리된 공동 충전물이나 인공 수피를 제거할 수 있다.	①	②	③	④	⑤
	145	코르크 염색 처리를 할 수 있다.	①	②	③	④	⑤
	146	외과수술 후 발생하는 손상 여부를 파악하고, 재처리 방법을 결장할 수 있다.	①	②	③	④	⑤

수목 뿌리 수술	147	지속적 밟힘, 깊이 심긴 수목, 흙이 지나치게 덮인 수목, 수목 뿌리 주변 포장, 토양 표면에 접한 나무줄기를 감싼 고무줄(고무 바), 철선(철사) 등에 따른 토양의 화학적·물리적 변화로 뿌리의 기능이 쇠약해진 수목을 확인할 수 있다.	①	②	③	④	⑤
	148	뿌리가 살아 있는 마지막 지점을 찾을 수 있다.	①	②	③	④	⑤
	149	살아 있는 뿌리의 위치, 깊이, 굵기 등을 찾아 표시할 수 있다.	①	②	③	④	⑤
	150	죽은 뿌리는 제거하고, 살아 있는 뿌리 부위에서 단근 처리나 환상 박피를 할 수 있다.	①	②	③	④	⑤
	151	단근 처리나 환상 박피 후 뿌리 보호를 위한 발근제, 도포제 등을 선택해 처리할 수 있다.	①	②	③	④	⑤
	152	노출된 뿌리는 마르지 않도록 처리할 수 있다.	①	②	③	④	⑤
	153	복토 깊이를 파악하고, 원지반을 찾아 복토를 제거할 수 있다.	①	②	③	④	⑤
	154	뿌리 수술 대상 면적을 계산해 소요 비용을 산출할 수 있다.	①	②	③	④	⑤
	155	복토 제거에 필요한 장비를 섭외하거나 구입할 수 있다.	①	②	③	④	⑤
	156	상토의 종류를 구분하고, 현장에서 요구하는 성분의 상토로 선택할 수 있다.	①	②	③	④	⑤
	157	뿌리 수술 후 수분과 양분을 공급해 빠른 수세 회복을 시킬 수 있다.	①	②	③	④	⑤
	158	지표면이나 지하 위험 시설을 사전에 파악하거나, 시행 중에 파악할 수 있다.	①	②	③	④	⑤
	159	암거 배수용 재료의 종류를 알고, 현지 조건에 가장 적합한 재료를 선택할 수 있다.	①	②	③	④	⑤
	160	숨틀의 규격을 파악하고, 필요한 깊이와 크기를 결정할 수 있다.	①	②	③	④	⑤
	161	숨틀을 설치할 토양과 피복물을 파악하고, 필요한 장비를 준비해 설치할 수 있다.	①	②	③	④	⑤

평가 영역		평가 문항	매우 미흡	미흡	보통	우수	매우 우수
수목 뿌리 수술	162	경계석의 규격을 파악하고, 자르기와 이동하기, 수평 맞추기 등을 할 수 있다.	①	②	③	④	⑤
	163	피복 재료의 종류를 알고, 현지 조건에 가장 적합한 재료를 선택할 수 있다.	①	②	③	④	⑤
지주 설치	164	피해가 예상되는 부위에 대한 피해 유형, 상처 유형, 주변 환경에 따라 지주의 종류를 선정할 수 있다.	①	②	③	④	⑤
	165	피해가 예상되는 부위에 대한 피해 유형, 상처 유형, 주변 환경에 따라 지주의 재료를 선정할 수 있다.	①	②	③	④	⑤
	166	피해 유형을 판단하고 예측해 최적의 설치 위치를 선정할 수 있다.	①	②	③	④	⑤
	167	설치할 지주의 적합한 길이를 측정할 수 있다.	①	②	③	④	⑤
	168	지주의 규격을 측정하고, 주문과 제작을 할 수 있다.	①	②	③	④	⑤
	169	여건에 맞는 기초 설치 방법을 결정할 수 있다.	①	②	③	④	⑤
	170	지주와 수목의 접촉 부위를 보호하기 위해 수목의 크기와 생장을 예측해 적절하게 처리할 수 있다.	①	②	③	④	⑤
	171	주위 환경과 시각적인 측면을 고려해 설치물의 형태나 색깔을 선택·시공할 수 있다.	①	②	③	④	⑤
	172	종전에 설치된 지주를 안전하게 해체할 수 있다.	①	②	③	④	⑤
줄 당김 설치	173	줄당김을 설치해야 하는 가지나 줄기를 선정할 수 있다.	①	②	③	④	⑤
	174	상황에 맞는 줄당김의 종류를 결정할 수 있다.	①	②	③	④	⑤
	175	줄당김을 설치할 가지나 줄기의 위치를 결정할 수 있다.	①	②	③	④	⑤

134

줄당김 설치	176	줄당김에 필요한 자재의 명칭을 숙지하고 있다.	①	②	③	④	⑤
	177	줄당김에 필요한 재료를 준비하고 주문할 수 있다.	①	②	③	④	⑤
	178	현장에서 필요한 자재의 크기를 결정할 수 있다.	①	②	③	④	⑤
	179	크기에 맞는 드릴 비트를 사용해 관통할 수 있다.	①	②	③	④	⑤
	180	고소 작업 차 등을 이용해 줄당김을 설치할 수 있다.	①	②	③	④	⑤
	181	전후에 줄당김에 대한 외부 도색을 할 수 있다.	①	②	③	④	⑤
	182	종전에 설치한 줄당김을 안전하게 해체할 수 있다.	①	②	③	④	⑤
	183	설치 후 남은 자재를 용도에 맞게 보관할 수 있다.	①	②	③	④	⑤
나무 주사	184	시행할 대상목에 주입할 약제의 종류와 주입 시기, 양을 결정할 수 있다.	①	②	③	④	⑤
	185	대상목의 수량, 크기, 종류에 따라 필요한 재료와 장비를 준비할 수 있다.	①	②	③	④	⑤
	186	천공 장비를 정비할 수 있다.	①	②	③	④	⑤
	187	천공기 종류별로 사용법을 알고, 안전하게 구멍을 뚫을 수 있다.	①	②	③	④	⑤
	188	주입 튜브를 새지 않도록 구멍에 꽂을 수 있다.	①	②	③	④	⑤
	189	주입 튜브에 약제를 정량 주입할 수 있다.	①	②	③	④	⑤
	190	주입 튜브를 안전하게 제거해 보관할 수 있다.	①	②	③	④	⑤
	191	튜브를 제거한 구멍에 마무리 처리를 할 수 있다.	①	②	③	④	⑤
	192	목적에 맞는 약제를 선택해 혼합하고, 약량을 결정할 수 있다.	①	②	③	④	⑤

평가 영역		평가 문항	매우 미흡	미흡	보통	우수	매우 우수
나무 주사	193	나무주사를 시행한 대상목의 위치(좌표)를 파악할 수 있다.	①	②	③	④	⑤
	194	나무주사를 시행한 대상목에 표시할 수 있다.	①	②	③	④	⑤
	195	사용한 약제 통과 수거한 튜브의 폐기물을 처리할 수 있다.	①	②	③	④	⑤
영양 공급	196	피해 증상에 따라 영양 공급 시행 유무를 결정할 수 있다.	①	②	③	④	⑤
	197	피해 증상, 수종, 수목의 크기와 상태에 따라 토양 공급, 나무주사, 엽면시비 등 적합한 방법을 선택할 수 있다.	①	②	③	④	⑤
	198	수목의 상태에 따라 공급할 양을 결정할 수 있나.	①	②	③	④	⑤
	199	처리 방법에 따라 효과적으로 시행할 수 있다.	①	②	③	④	⑤

지은이

권혁민

㈜월송나무병원
동원대학교 부동산학과
나무의사

김성환

㈜청솔나무병원
경북대학교 식물방역대학원 석사과정
나무의사
국무총리 표창(2023)

김철응

㈜월송나무병원
충북대학교 농생물학과 박사수료
나무의사, 국가유산수리기술자
《고등학교 조경 식물 관리》(공저), 《수목해충학》(공저)
대통령 표창(2023)

김태기

㈜대성나무병원
전북대학교 섬유공학과
수목치료기술자, 국가유산수리기능자

박수연

㈜신영건설

한국농수산대학교 산림학과

나무의사, 국가유산수리기능자

배해진

㈜대성나무병원

원광대학교 영문학과

나무의사, 국가유산수리기술자

《나무 이름의 유래》

송대환

㈜에코그린나무병원

중부대학교 조경학과

나무의사

오이택

㈜두솔나무병원

한양대학교 경영전문대학원 석사

나무의사

유정은

㈜가호나무병원

신구대학교 원예디자인학과

수목치료기술자

이동혁

㈜예송나무병원

충북대학교 농생물학과 석사

국가유산수리기술자

이삼옥

㈜한우리나무병원

한국전통문화대학교 문화재수리기술학과 공학 석사

나무의사, 국가유산수리기술자

《나무의사 이야기》(공저)

이윤지

㈜두솔나무병원

서울시립대학교 도시과학대학원 조경학과 석사과정

나무의사, 국가유산수리기술자

《나무의사 이야기》(공저)

이효정

㈜월송나무병원

국립경상대학교 대학원 공학 석사

조경기사, 수목치료기술자, 국가유산수리기능자

조일현

㈜월송나무병원

서강대학교 경제대학원 경제학 석사

나무의사, 국가유산수리기술자, 경영지도사

최나은

㈜대명나무병원

충북대학교 식물의학과

국가유산수리기능자

허태민

㈜월송나무병원

한국농수산대학교 산림학과

나무의사

"This is not our world with trees in it.
It's a world of trees, where humans have just arrived."
— Richard Powers, The Overstory

"이곳은 나무가 우리 세계의 일부로 끼어 있는 곳이 아니다.
여기는 나무의 세계이며, 인간은 이제 막 도착한 존재일 뿐이다."
— 리처드 파워스, 『오버스토리』 중에서